中央财经大学财经研究院
北京市哲学社会科学北京财经研究基地

学术文库

环境自愿协议在我国的治理机制与应用路径研究

刘　倩　刘轶芳　董子源　著

U0340096

中国财经出版传媒集团
经济科学出版社
Economic Science Press

图书在版编目（CIP）数据

环境自愿协议在我国的治理机制与应用路径研究/
刘倩，刘轶芳，董子源著 . —北京：经济科学出版社，
2017.6

（中央财经大学财经研究院、北京市哲学社会科学
北京财经研究基地学术文库）

ISBN 978 - 7 - 5141 - 8242 - 2

Ⅰ. ①环…　Ⅱ. ①刘…②董…③刘…　Ⅲ. ①环境
管理 – 研究 – 中国　Ⅳ. ①X321. 2

中国版本图书馆 CIP 数据核字（2017）第 170208 号

责任编辑：王　娟
责任校对：杨晓莹
责任印制：邱　天

环境自愿协议在我国的治理机制与应用路径研究
刘　倩　刘轶芳　董子源　著
经济科学出版社出版、发行　新华书店经销
社址：北京市海淀区阜成路甲 28 号　邮编：100142
总编部电话：010 - 88191217　发行部电话：010 - 88191522
网址：www. esp. com. cn
电子邮件：esp@ esp. com. cn
天猫网店：经济科学出版社旗舰店
网址：http://jjkxcbs. tmall. com
北京季蜂印刷有限公司印装
710×1000　16 开　10 印张　160000 字
2017 年 6 月第 1 版　2017 年 6 月第 1 次印刷
ISBN 978 - 7 - 5141 - 8242 - 2　定价：29. 00 元

目 录 *CONTENTS*

1

第 1 章

研究问题的提出

1.1 环境自愿协议国内外研究的现状和发展趋势

1964 年，日本横滨市地方公共团体与新落户企业签订了全球第一份环境自愿协议（日本称为《公害防止协定》），柔性灵活、更具针对性的特征使其在日本的实践取得了很好的成效。20 世纪 80 年代，其他国家也纷纷效仿日本，如美国将环境自愿协议（Voluntary Environmental Agreement，VEA）用于应对气候变化（Dinah A. Koehler，2007），欧洲国家将其广泛应用于环境标识、废物处理、绿色供应链、用水效率改善、温室气体减排和能效改进，以防治水、空气、土壤污染和臭氧层破坏等生态环境的恶化（commission of the European Communities，1996）。

与传统的环境管理工具相比，VEA 的理论研究并不系统，早期主要基于项目经验，归纳总结 VEA 的属性、特征与成功因素，目前则多关注 VEA 运行及实现机制。主要研究内容包括：

其一，从微观视角研究企业自愿责任行为的驱动因素。一些学者认为 VEA 超越了经典的"囚徒困境"的解释范式，达成了合作博弈。依据合作博弈理论，企业采取自愿行动，能够避免强制性环境法规的威胁并与政府共同分配合作博弈的"盈余"（Gooding，1986）。企业承担社会责任的同时能获得更加灵活的生产经营环境，节约生产成本或受到多种荣誉性激励,这种相对让步是理性和公正的 (Paola Manzini Macro Mariotti, 2003)。一些学者的实证研究分析了企业参与自愿协议项目的多维度驱动因素,一般认为管制压力或管制威胁对参与自愿环境协议影响最大 (Keith Brouhle & Charles Griffiths, 2009;Irene Henriques & Perry Sadorsky, 1996)。来自资本市场、消费者、NGO 等相关方的非管制压力也对参与行为有显著影响 (Shanti Gamper - Rabindran, 2006)。另外,企业自身的特性也会影响企业参与决策,例如维多维克和坎纳 (Vidovic&Khanna) 2007 年对美国环境保护署 (Environmental Protection Agency, EPA) 的 33/50 计划①参与企业的比较研究表明,企业规模越大,在产品链条上与消费者距离越近的企业越有可能参与自愿协议项目。

其二,自愿参与机制的效率分析。德克·施梅尔策 (Dirk Schmelzer, 1999) 基于简单博弈模型分析了 VEA 的效率,结果显示仅有限的几个案例的环境绩效能够达到实施庇古税的水平,如果行业协会能够负担监管成本,VEA 则比命令控制手段更高效。希格尔森和米赛利 (Segerson & Miceli, 1998) 认为管制威胁、监管成本、企业与政府的讨价还价能力都会影响 VEA 的有效性。拉沙·艾哈迈德和凯瑟琳·希格尔森 (Rasha Ahmed & Kathleen Segerson, 2011) 研究了行业限制生产低能耗产品的自愿协议效率问题,认为影响 VEA 有效性的要素包括协议目标严苛程度、低耗能产品相对效果、行业规模以及参与者规模;为了防止企业签署协议后出现搭便车的现象,有必要采取强制措施以确保企业履约,从而保证实现既定的环境与经济目标。针对发展中国家 VEA 的有效性,有学者指出发展中国家较弱的管理制度压力和非管理制度压力、管制俘获现象、小型和非正规企业过多等问题会导致 VEA 无法达成预设目标。

其三,在上述理论研究指导之下,结合各国家和地区实践背景,很多学者对 VEA 实施的具体技术进行了思考,并提出了一系列设想和改进意见。如里纳尔多·布罗和卡罗·卡拉罗 (Rinaldo Brau & Carlo Carraro,

---

① 该计划由美国 EPA 于 1991~1995 年期间实施。项目共确定了 17 种高优先级的有毒化学物质,并邀请上千家工业企业参与到项目中来。项目目标是截至 1992 年,降低化学物质排放达 33%,到 1995 年达 50%。

2011）针对寡头竞争行业建议，第一，VEA 项目通过授予优先购买权，支持技术合作，给予金融与技术激励等手段保证参与企业的收益；第二，协议俱乐部要保持较小的规模，避免搭便车的激励；第三，要利用严格的监督与奖惩机制保证 VEA 项目的信誉，从而在提高企业环境绩效的同时为参与企业赢得竞争上的战略优势。艾伦·布莱克曼（Allen Blackman）认为发展中国家在施行 VEA 前需要认真分析项目的可能风险，进行周密的制度性机制与政策的设计，如强化实施机制的执行力度，建立危机管理机制，增加企业环境信息透明度，加强专业性管理和专门技术的开发与应用等。

2000 年以后，VEA 的研究受到我国学者的关注，如王琪（2001）、周宏春（2003）、刘志平（2004）将自愿协议作为推进节能环保工作的新手段，阐释了 VEA 概念、目标及其与管制手段的区别。我国管理部门和一些学者加强了对国外实践经验的引进和借鉴，如在山东省试点之前，国家经贸委资源节约与综合利用司联合国内外研究机构编著了《工业行业节能自愿协议机制研究——山东省试点项目实施方案设计》（2003），其中介绍了国外节能 VEA 的经验。

近期一些学者注意到了试点实践中出现的问题，开展了一些原创性研究。如彭海珍等（2004）基于俱乐部物品模型对自愿环境协议制度赋予企业的可排他性潜在收益进行了初步分析，强调在转型阶段，政府应加强 VEA 的激励政策的设计和落实。国家环保总局环境规划院以钢铁企业为例，研究制定了我国高耗能行业的节能减排协议，探讨了如何利用排污收费政策促进高耗能企业节能减排。2009 年王立亭、菅典德等人编写了《山东省节能自愿协议指南》，首次对 2003 年以来山东省开展节能自愿协议试点工作的基本操作方法、效果、推广经验等进行了系统总结，为自愿协议在我国深入研究提供了第一手资料。董战峰等人（2010）总结了国际上的自愿协议机制激励政策经验，建议我国加大财政、税费、信贷等政策工具的创新力度，为加快自愿协议进程及其建设提供有力支撑。

总体上看，国外长期的实践探索和理论研究为我国实施自愿协议提供了蓝本和重要借鉴。但应用的国情和情境有诸多区别，这就使研究范式和成果不能照搬到中国加以运用。需要尽快结合国情对 VEA 理论和应用展开系统深入的研究。

1.2 对既有实践和研究的思考

第一，目前对 VEA 具体模式、实施技术的相关研究对试点工作启动有重要的指导作用，但作为一种新引入的环境管理制度，学界还没有对 VEA 的内涵和要素、作用和影响、风险与调控做出全面阐释。研究队伍中从事环保、节能减排工作的人员居多，内在经济规律、政策机制等层面的研究相对薄弱，VEA 试点存在"政府强制多，自愿推进弱"的问题，且逐渐显现出"有工程技术，无制度建设"的工具化趋势。

第二，由于没有形成系统的理论分析体系，方法和工具研究也不够系统，目前研究多为对具体模式、程序和技术的描述，学界多关注 VEA 微观动机和宏观结果，对 VEA 制度性机制构成、设计与调控，以及其余微观和宏观层面的交互反馈作用不甚了解。

第三，由于数据可获得性的限制，目前 VEA 实施的范围、成本效率、VEA 与其他环境政策手段在经济效益环境效果比较尚无可靠的学术成果，且缺乏对制度建立过程中政府、行业、企业及其他相关方的博弈过程的解析。

1.3 本书的研究目标和拟突破的难点

本书试图实现以下三个目标。

第一，完善环境自愿协议理论，形成较为系统和科学的理论体系。在理论方面明确回答什么是环境自愿协议，为什么要发展环境自愿协议，哪些因素影响环境自愿协议模式、主体选择，保证其有效性的条件有哪些等，进而形成较为完整的理论体系。

第二，形成规范的实证研究。引入环境经济学、博弈论、决策分析学等方法，对环境自愿协议驱动因素、制度性机制、基本要素及评价进行实证研究，形成方法科学合理，学术规范的 VEA 实证分析框架。

第三，为我国环境自愿协议体系构建与实施提供理论指导。在理论与实证研究的基础上，从自愿协议与供给侧和需求侧两端结合提出相应政策建议，为国家和地区 VEA 发展提供决策参考。

1.4 本书的主要研究内容与各章节内容

研究内容由以下模块构成：

根据自愿协议发展的最新趋势，将自愿协议的政策应用划分为供给侧和需求侧，早期的自愿协议以供给侧应用为主，目前需求侧自愿协议的发展对于推进绿色消费行为模式，为非点源污染融资等方面起到了关键作用。

1.4.1 环境自愿协议制度在供给侧的运用：发展历程和现状总体评价

追溯国内外供给侧 VEA 演化历程，总结解析可资借鉴的模式与经验，评价国内 VEA 现状、问题与需求。对比不同国家、地区 VEA 制度实施背景、制度内容、相关政策以及实施效果，分析其异同，总结可供借鉴的经验和教训。明确 VEA 机制的生发的前提、内涵、构成要素、概念体系与基本准则。

1.4.2 环境自愿协议制度在供给侧的运用：基于理论模型的分析

自愿协议发展历史较早并取得了一定成果，关于上述问题的学术讨论和成果也较为丰富。诸多学者取材具体案例，将理论研究和实证分析相结合，不断探索环境自愿协议在实现环境绩效提升方面的可能性。其中，对政府与企业之间的博弈分析是理解企业行为和由此产生的环境效果的关键，同时也是开展理论研究的重点。这部分通过运用几种较为典型的博弈模型对这些问题进行分析，得出在特定假设背景下自愿协议的实现条件，以及在协议实施过程中不同参与主体的动机并由此导致的行为差异，以期为政府制定环境政策、立法机关制定相关法规以及企业选择环境保护方式提供有益借鉴。

1.4.3 供给侧自愿协议项目整体设计的路径分析

本部分的分析区别于前文对于自愿协议政策整体绩效的关注，从提升单个项目能源效率的优化入手，将企业能源效率路径选择及其驱动和阻碍因素构建为一个简单的评估分析框架，以美国建筑业能效提升为案例，分析了包括管制政策、各类自愿政策机制对企业能效提升的作用机制，同时也识别了企业在提升能效方面的战略驱动力和面临的具体挑战。

1.4.4 需求侧自愿协议在环境治理中的运用

对于非点源污染等污染源量大、覆盖面广，每个项目资金额度和信用额度偏低的治理问题，需求侧自愿协议作为一种需求侧环境治理的融资模式在西方得到了发展，目前主要运用于褐色地块治理及可再生能源项目、陆源水污染治理等领域，本部分将以案例分析为基础，详细剖析如何通过需求侧自愿协议机制促进能源使用行为的转型。

1.4.5 我国环境自愿协议改进的对策建议

综合前四个模块的研究成果，在梳理我国自愿协议发展进展和特征的基础上，从供给侧、需求侧两方面具体分析如何针对我国环境自愿协议制度的深入发展提供策略和改进建议。

第 2 章

环境自愿协议在供给侧运用的国际经验

2.1 美国环境自愿协议近期的发展趋势与评价

2.1.1 环境自愿协议兴起的制度背景

美国自愿协议的兴起有其特殊的历史背景。20 世纪 70 年代，一系列环境污染和生态破坏引发的灾难性事件激发起人们强烈的环境保护意愿。随后，诸多针对环境问题的里程碑式的环境法律在美国通过。然而，在美国缔造环境法的十年之后，新的环境法律的出台却屡遭阻碍。由此，美国 EPA 开始采取一些新的行政手段和治理模式来推进对企业环境责任的激励和约束，旨在以更低的环境管制成本来达到更高的环境标准。

从政策演化角度来看，自愿协议的产生有三个基本前提：

第一，法律制度复杂程度增加；环境领域面对着变动不居的、具有专业性和技术性的新问题。由于立法程序繁冗，诸多新问题都存在立法真空；此外，企业作为利益集团，往往会通过游说来阻滞环境立法的通过。

第二，环境诉讼的增多。在 19 世纪 70 ~ 80 年代之间，美国通过了五部重要的环境大法。80 年代后，很多环境违法行为已持续多年，但仍有很多问题 EPA 没有采取相应的举措予以解决。随着环境类非政府组织的专业化程度和影响力的增强，萨拉俱乐部、自然资源保护联盟等全国性环保团体开始起诉 EPA 等规制机构的不作为，诉讼量的激增对 EPA 形成了沉重的外压，使之乃至美国国会开始思考环境问题治理结构的转型问题。

第三，政府治理支出的缩减管理。1980～1986 年间，美国 EPA 的财政预算和人员被削减，联邦环保署既是负责环境法律制定、法规实施也是资金等资源支持决策部门，相对于经济体系、产业机构、技术创新的高速发展和复杂化，其行政能力很难再依靠传统的命令控制手段高效地发挥作用。

1991 年，EPA 推行了 33/50 计划，美国自愿协议的数目由此开始激增，也拉开了美国环保性自愿协议实施的序幕。截至 1999 年，OECD 登记的自愿协议类别已达 42 种，统计在册的参与者有 13000 位之多。到了 2004 年，仅处于联邦水平的自愿协议就达到 50 个。随着政府环境监管成本以及执法成本的降低，人们环境保护意识的增强和科学技术的发展，同时出于提高政府在环境方面的管理能力并扩大其管理范围的考虑，自愿性环保协议得到越来越多的认可和推崇，在美国取得了良好发展（具体典型项目见表 2 - 1）①。

表 2 - 1　　　　　　　　　　　　美国自愿项目分类

领域	项目名称	项目内容
农业	农药环境管理项目（Pesticide Environmental Stewardship Program）	降低源自农药使用的风险，并建立超过监管要求的协议标准，以达到更高的环境管理水平。
空气质量	清洁柴油运动（Clean Diesel Campaign）	（包括美国清洁建筑、美国清洁港口、美国清洁校车以及柴油改造等运动）通过多样化控制手段以及全国、州和地方参与者的持续参与，致力于在全国范围内降低源自柴油发动机的污染。
	热电联产伙伴计划（Combined Heat and Power Partnership）	通过推进于环境有益的热电联产模式的应用，旨在降低发电对环境的影响。
	社区儿童哮喘计划（Community - Based Childhood Asthma Programs）	旨在降低哮喘导致的不良健康后果和造成的经济负担。该计划将对环境诱因的控制纳入综合哮喘管理体系，帮助哮喘患者及其家人对家中的诱发哮喘的环境因素进行管理，降低儿童在学校和托儿所接触室内哮喘触发因素的几率，结合药物治疗（同样作为综合哮喘管理计划的组成部分）加强对环境诱因的控制。

---

① 最先由加拿大发起，并迅速被美国化学理事会（American Chemistry Council，ACC）所采纳。该计划对其会员企业的实践作出了一系列要求，但其减排结果多为学者所诟病。

续表

领域	项目名称	项目内容
空气质量	能源之星（EnergyStar）	由 EPA 和美国能源部联合发起，产品制造业、零售业等共同参与，推动一系列自发性节约能源行为的项目。项目通过投资于节能产品和实践以帮助美国的商业企业和消费者节约资金和保护环境。
	绿色能源伙伴计划（Green Power Partnership）	旨在鼓励各机构购买绿色电能以降低与电力购买有关的环境影响。
	绿色赛车倡议（Green Racing Initiative）	与汽车工程协会合作，EPA 成立工作组，通过起草一系列自愿协议将对赛车的能源效率和温室气体排放以及汽车尾气等进行实验室检验，在不降低汽车速度和影响此项运动开展的前提下实现节能减排。
	高温室效应气体伙伴计划（High GWP Partnership Programs）	（包括——六氟化硫（SF6）减排合作，自愿铝业合作（VAIP），镁业六氟化硫（SF6）减排合作和 EPA 的全氟化碳（PFC）减排半导体行业气候合作等）。
	高全球变暖自愿潜能计划（Voluntary High Global Warming Potential Programs）	该计划提供了公私行业合作的契机，真正地降低美国具有高污染潜力（GWP）的气体排放。伙伴关系涵盖了在工业生产过程中进行成本效益改进的各行业，以降低全氟化碳（PFCs）、氢氟碳化合物（HFCs）以及六氟化硫（SF6）
	实验室 21（Labs 21）	EPA 和美国能源部帮助新的和改造后的实验室降低能源成本，减少环境破坏，希望建立能源自足的 EPA 实验室并在全国范围内的其他科学实验室中推广。
	降低氡风险（Radon Risk Reduction）	氡计划旨在通过关注关键的机会目标，如房地产交易和新建房屋，降低位于氡含量较高地区的家庭所面临的氡风险。该计划尽可能地使更多家庭的生存环境中的氡含量降低，进而最大限度的减少导致肺癌的第二诱因。
	智能公路运输伙伴计划（SmartWay Transport Partnership）	为了改善美国货运部门（卡车和铁路）的环境绩效，提高燃料使用效率，该计划鼓励零售商/最终用户选择担当各自行业领域环境领袖的卡车和铁路公司。
能源效率和全球气候变化	农业之星计划（The Ag-STAR Program）	通过促进沼气回收系统的使用，在有限的动物饲养场的作业中降低甲烷排放。
	煤层气推广计划（Coalbed Methane Outreach Program，CMOP）	通过推进可获利的煤层气的恢复和使用，降低煤矿开采活动产生的甲烷排放量。
	智慧燃烧（Burn Wise）	政府、非营利机构和行业共同努力，促进 1988 年之前制造的传统的（新排放源绩效标准出台之前的）、旧的、污染严重且低效率的柴火炉向新型的、更加清洁的燃烧设备如天然气炉、颗粒壁炉或环保局认证的燃炉转变。

续表

领域	项目名称	项目内容
能源效率和全球气候变化	绿色冷藏（GreenChill）	EPA 和超级市场、制冷设备和化学制冷剂行业已经建立起绿色冷藏先进制冷伙伴关系。作为自愿项目，该伙伴关系旨在通过提高绿色技术、战略和实践来实现对平流层臭氧层的保护，降低温室气体排放并节约资金。参与者应确保在所有新的和经改造的商店中仅使用臭氧层友好型的设备和先进的制冷技术。
	移动式空调气候保护伙伴关系（Mobile Air Conditioning Climate Protection Partnership）	移动式空调气候保护伙伴关系是由 EPA、汽车工程师协会和移动空调协会联合发起的自愿倡议。该伙伴关系致力于降低移动空调对环境的影响，改善新型移动空调系统能效并减少制冷剂的泄漏。
	天然气之星计划（Natural Gas STAR Program）	通过识别和促进减排技术和管理手段的实施，降低由于天然气作业导致的甲烷排放。
	铝业自愿伙伴关系（Voluntary Aluminum Industrial Partnership）	该项目是由 EPA 和原铝工业联合开发的一项创新性的污染防治计划。参与企业（合作者）与 EPA 一道提升铝生产效率，降低全氟化碳（PFC）的排放，减少在大气中存在上千年的温室气体。
污染防治	2010/15 全氟辛酸（PFOA）管理计划（2010/15 PFOA Stewardship Program）	协议目标是以 2000 年为基准年，截至 2010 年，PFOA 的排放量和产品含量、PFOA 的前端化学品以及相关的高同族化学品的排放量降低 95%，并在 2015 年之前为减排和降低产品含量而努力。
	联邦电子挑战计划（Federal Electronics Challenge，FEC）	联邦电子挑战计划（FEC）是一项自愿挑战项目，旨在鼓励联邦机构：1）购买环保电子产品，2）减少电子产品在使用过程中的影响，3）以对环境相对安全的方式管理废弃电子产品。
	绿色供应商网络/经济、能源和环境（The Green Suppliers Network，GSN/Economy，Energy and the Environment，E3）	GSN 是相关行业、EPA 和 360vu 的合作项目。其中，360vu 是通过运用其全国性的生产扩展合作机构网络为美国制造商提供服务的领先供应商。它与处于制造供应链各层级的制造商合作以实现环境和经济效益。E3 是一项协调联邦和地方的技术援助计划，通过对生产过程进行技术评估并在关键领域开展培训以支持制造商。制造商接受的技术评估包括精细审查、清洁审查、能源审计、温室气体评估并获得评估后建议。
产品标签	环境设计（Design for the Environment，DfE）	通过寻找有 EPA 的环境设计（DfE）标签的产品，消费者能够选择更加安全的产品，如衣用洗涤剂和干洗剂。EPA 允许功能良好且满足其高环境和人体健康标准的产品使用此类标签。DfE 标签意味着 EPA 的科学审查团队已经对该产品的可能对人体健康和环境产生潜在影响的每一项化学物质都进行了评估，且产品仅包含在其所处类别威胁最小的化学物质。评估基于当前可得信息、EPA 的预测模型以及专家的评判。
	环保技术核证计划（Environmental Technology Verification Program）	为供应商、购买者及其采购和审批决策提供与环保技术的性能有关的第三方客观检测信息。

续表

领域	项目名称	项目内容
废物管理	可持续材料管理（Sustainable Materials Management, SMM）	通过对整个产品生命周期进行检验，SMM 可以保护重要资源，减少废物产生，并最小化我们所使用材料的环境足迹。EPA 在推进 SMM 中扮演了领导角色，包括组织与 SMM 主要利益相关者的对话、向公众提供成熟的科技和信息以及对特定部门建立质疑机制以实现共同目标。
水	分散式污水处理计划（净化系统）（Decentralized Wastewater Treatment Systems Program（Septic Systems））	该计划通过推进持续性管理的概念并促进专业化实践标准的实施，为改善分散化系统的绩效提供了国家层面的指导和支持。
	水意识（WaterSense）	建立起节水产品的市场增强项目。网站同时提供其他与水效率有关的各类信息、出版物（许多为可下载格式）以及其他非常有用的与水效率相关的网站链接。

　　注：＊PFOA（全氟辛酸）是一种持久的、人造的、在动物研究中有毒的化学物质。该物质在人体中有半衰期，并在低浓度的人体血液和环境中较为常见。

　　自愿协议的参与通常是由参与企业签署一份协议——企业努力去达到某一环境目标，并定期向政府报告并公开其进展程度，后者会提供技术支持、信息共享和公众认可等好处。协议不具有任何强制的约束力，即公司不会因未达成目标而受到惩罚，至多也仅是取消参与者资格。美国现存自愿协议按照参与相关方主要分为三大类：公开型自愿协议、谈判协议以及单方面保证协议。其中，公共自愿协议按照其发起部门又可以再细分为三小类：单部门联邦自愿协议、多部门联邦自愿协议以及州和地方型自愿协议。

　　美国的多数自愿协议是公开型的，包括著名的能源之星（Energy Star Program，ESP）、国家环境绩效追踪计划（National Environmental Performance Track，NEPT）、绿色灯光（Green Light）等计划，它们也属于多部门联邦自愿协议——倾向于涵盖各行业的各类公司，致力于宏大的共同目标。这些计划由当局来制定设计，然后邀请公司参与。随着时间推移，环境管理系统（Environmental Management System，EMS）作为一种管理和监督协议参与者绩效的手段被越来越多地使用，而事实证明该系统也的确有效。区别于多部门，单部门联邦自愿协议更倾向于关注具体的只与某一特殊行业相关的环境问题。上文提及著名的 33/50 计划，把化工业有毒气体排放治理作为目标，即属于此类。州和地方自愿协议通常是为了实现联邦的指令，由某一个州或地区当局设立的自愿协议项目。

谈判协议是由行业和联邦政府共同协商制定的，事实上在美国的应用并不广泛，只有常识倡议（Common Sense Initiative）和XL项目（Project XL）两个项目。导致这种情况的原因很多。在美国，政府和企业的关系常常难以协调，这对谈判协议的开展极为不利，而谈判所耗费的高额的时间和人力成本，也使其发展面临重重阻碍，难受人们青睐。尽管如此，谈判也有其自身的优势——作为一个具有选择性的对抗过程，其结果往往具有对抗性并且更易让双方都接受，实现社会资源的有效利用，因此也逐渐被视为未来的趋势。

单方面保证是与联邦无关的行业自发形成或由贸易导向的环境自愿协议。协议通常也不会制定达到目标的具体措施和策略，公司具有充分的灵活性，并且会受到来自环保当局的帮助，如技术支持、信息共享等。参与单方面保证的原因有很多：源自企业自身的环保意识，迫于投资人或消费者对于企业形象要求的压力，为了将自有产品和竞争者进行区分，又或是为了逃避未来的监管等。这类协议常见于行业贸易联盟或者国际性组织，如著名的责任关怀计划（Responsible Care Program，RCP）①。

2.1.2 工业领域自愿协议代表：NEPT 项目发展及评价

自愿协议在保护生态环境及节能减排等领域的应用层出不穷，但其成效一直颇受争议。特别是 NEPT 项目在 2009 年被叫停，引发了学界和业界的高度关注。尽管如此，诸多类似项目仍在联邦和州层面持续开展。特别是在应对气候变化法律迟迟无法获得通过的情况下，应对气候变化领域的自愿项目作为一种替代方式再次发展起来。因此，鉴于对自愿项目的现实性要求，我们有必要对其进行较为深入的了解和分析。本节将以上文所提到的 NEPT 计划为例进行分析和评估。

---

① 最先由加拿大发起，并迅速被美国化学理事会（American Chemistry Council，ACC）所采纳。该计划对其会员企业的实践作出了一系列要求，但其减排结果多为学者所诟病。

2.1.2.1 企业加入 NEPT 需要满足的标准

为了使该项目拥有更广泛的参与度，EPA 设计了环境绩效追踪计划以最小化企业的进入成本。该项目面向美国所有的企业，不限其规模和所属的行业部门，甚至非营利企业和政府所有企业也可以提出申请。尽管如此，出于对差异性价值的考量，项目的进入标准仍然具有选择性。为了符合 NEPT 计划的会员要求，企业需要向 EPA 证明其满足以下四点要求。

环境管理系统。EPA 环境绩效追踪计划的相关材料将 EMS 定义为企业为满足环境要求提升环境绩效的系统性努力。2004 年，EPA 将企业必须拥有独立审计的 EMS 纳入到要求之中；在这之前，EPA 允许企业进行自我审计。此外，材料还对独立审计员的资质进行了概述，建立起后者需遵从的一整套协议。

守法记录。企业需要有持续遵守环境法规的记录。例如，在前五年内，企业不能有任何与环境破坏的犯罪行为有关的定罪或认罪记录；在前三年内，企业不能有任何有关重大民事环境破坏行为的记录。

合规承诺。企业在申请 NEPT 计划时，需要证明其在环境绩效方面业已取得的成绩，并承诺将为超过当前监管要求的环境绩效目标而继续努力。为了证明以往成就，潜在的申请者需要至少在两个环境指标上证明其相应的改进成果。经理人可以在可选择的类别和衡量单位中选择自己企业的指标。环境绩效类别包括供应链环境绩效的改善，能源消耗的降低、大气排放水平和噪音水平的下降等。此外，在机构挑选出的指标类别中，企业还需要至少选择四个领域，承诺其未来将在这四个方面提升绩效。

社区服务。企业需要与当地社区就环境活动进行交流。潜在的企业会员需要描述其将如何识别并应对社区关切的问题，以及当可能对社区成员造成影响的重大事件发生时如何开展告知工作等。

为表明其将满足以上四条标准，企业需要完成一份 29 页的申请表，要求提供企业规模、所处行业以及环境管理体系的基本信息。此外，企业还需要量化其所提出的改进目标，确定可衡量的绩效单位。尽管如此，EPA 并不要求企业的承诺如何雄心勃勃，仅需企业表示它们的承诺应该是"至关重要"的并且应当超过环境法规所要求的环境绩效。EPA 鼓励每个企业登记并承诺一个与其自身处境、能力和目标相匹配的绩效水平。

除了每个企业环境绩效的信息，企业在 EPA 的申请表中还需要填写其与当地社区关系的信息，与之相关的州和联邦的许可标识号码，并获得对表格准确性进行认证且宣称企业完全符合环保标准的企业高级经理的签名。

在申请过程中，EPA 不会进行现场调查。机构官员仅对每一份表格进行简单审查以确保在表面上申请表证明了申请者符合 NEPT 的标准。就法规遵从性和申请完整性进行内部自我筛查的企业被纳入到 NEPT 计划中，并被挑选为优秀的环境绩效企业。在企业被准许进入之后，EPA 会在每年选取一小部分比例的成员进行现场调查。在项目的存续期内，EPA 共进行了约 250 次现场调查，总计不到所有纳入计划企业数量的 1/3。

EPA 要求所有会员提交年度绩效报告（Annual Performance Reports，APRs）。在 APRs 中会员企业需要描述其在向所承诺绩效努力过程中所取得的进展，并提供额外信息以帮助 EPA 核证本企业满足所有合格性要求。EPA 尽管鼓励企业设定目标远大的承诺且不要求他们在三年内完成每一项承诺，但确实希望看到为实现目标所取得的进展。无任何进展或者整体表现下降都可能使企业从计划中被移除出去。

此外，企业如果想继续留在该计划中，需要每三年进行重新申请，要求其正如初次加入该项目时那样再次做出一系列绩效承诺。

2.1.2.2　会员的奖励措施

EPA 提供了三种类型的会员激励措施：社会认可、信息资源以及监管和行政激励。

首先，EPA 为会员提供了多种形式的公众认可。EPA 会在 NEPT 计划的网站主页和 NEPT 的其他网页、与计划相关的支持性材料以及宣传文章上对参与企业进行宣传。EPA 允许会员在企业网站上以及推广材料中使用 NEPT 计划的标识。机构还设立了只有会员可获得的五项奖励。此外，EPA 最终说服了一些社会投资咨询公司将绩效追踪计划的会员身份作为对企业评级时的考量因素之一。

其次，EPA 为会员提供了交流机会。会员可以在 EPA 所举办的信息交流会上与机构高级官员分享经验，讨论成员激励问题并就项目改进交流意见。

与作为独立的非营利实体的环境绩效追踪参与者协会合作，EPA 组织年度成员集会、区域圆桌会议并建立匹配当前追踪计划的辅导计划。在该计划中，NEPT 项目会员对接潜在会员，就申请过程和改善环境表现的方法进行信息交流。

最后，EPA 为会员在监管和行政上提供了多种便利。一般来说，在没有确切原因的情况下，EPA 需执行对成员企业的常规检查。而环境绩效追踪计划使得会员在 EPA 检查中拥有更低的优先性（即被检查的可能性更小）。除此之外，EPA 还允许会员减少《清洁空气法》（Clean Air Act，CAA）关于最大可实现控制技术规定的报告提交频次并允许其简化内容。而对安装有可产生大量危险废弃物的发电机组的公司，EPA 还将其可在现场积累的废弃物数量放宽至一般要求的两倍，在某些情况下甚至可达到三倍。此外，会员可以申请减少对易泄漏设备和作业的检查频次，并在办理《清洁水法》（Clean Water Act，CWA）所规定的国家污染物排放消除体系许可证的更新手续上可以走快速通道的优势。

在项目的整个发展历程中，EPA 一直在规则的制定上给予绩效追踪项目的会员更多的便利。例如，在 2007 年 9 月，EPA 的空气和辐射办公室提出一项规定，即在无需申请新的或者经修正的空气许可证的前提下，允许企业在操作和结构上做出调整。这项提议法规潜在地极大节约了企业的时间和成本。在此项更为灵活的关于空气污染物排放许可证制度议案的前言中，EPA 明确表达了给予会员在申请许可证时更多优先权的目的。此外，EPA 还考虑在遵守《生态保护和恢复法案》（Resource Conservation and Recovery Act，RCRA）的前提下，简化危险废弃物许可手续并提供更多仅限于会员的制度激励。

在多数主要的环境法规中，EPA 将实施责任委托给各州。因此，各州而非 EPA 负责日常的对企业在监管和行政上的灵活性的授权行为。认识到各州在环保规则实施中的重要角色，EPA 在鼓励州政府向项目会员提供灵活性上做出了更多努力。截至 2006 年 9 月，已有 15 个州同意减少对会员企业的例行检查。然而，各州支持 EPA 工作的意愿不尽相同，许多州对会员的激励手段的施加了条件或进行了限制。其中，有三个州规定获得这一好处的企业还需要加入一个州级的与绩效追踪类似的项目，并有一个州要求这种放松审查的特权需经逐案分析。37 个州和哥伦比亚特区同意为会员企业提供危险空气污染物许可激励，16 个州允许延长环境绩效追踪工厂在现场存储危险污染物的时间。另有 12 个州与 EPA 签署共同为参与企业提供激励的谅解备忘录，约定双方进行联合招募和认证活动，并在某些情况下使用联合申请程序，使得企业可以同时申请绩效追踪项目和与之相关的各州的环境领先计划。

2.1.2.3 评价和结论

首先，自愿协议项目是一种政府、企业、第三方等利益相关方合作的治理方式。在三十年的探索过程中，EPA 希望能通过与行业内优质环境绩效企业的合作，了解如何定义优质环境绩效，从而引导企业由环境达标，向持续地激励企业改进环境绩效转变。EPA 不仅将 NEPT 作为改善环境质量的计划，还期望其能实现管制者与受管制企业、受管制企业与其周围社区之间关系的改善。EPA 希望可以帮助行业"转换"关系以使其变得更加"协同、合作并关注结果"。与简单地对违规企业进行惩罚的机制不同，EPA 将 NEPT 计划视为给予其自身对表现好的企业进行表扬和奖励的机会。此外，将社会服务作为会员准则，EPA 希望居住在绩效追踪项目企业附近的居民能够对企业报以信心和信任。

EPA 希望利用 NEPT 来鼓励企业和政府创新。该计划旨在促成一种更为广泛的问题解决文化。在这种文化氛围中，企业经理人可以更加公开地与 EPA 分享其好的做法以及所面临的挑战。NEPT 计划鼓励企业为卓越的环境条件而努力，而非仅仅遵从政府规则，并试图成为新一代计划的蓝图。

EPA 预计如果 NEPT 计划会仍然存在，将会对美国的环境管制体系带来更广泛的、系统性的变革。它"……从传统的管制模型中分离出来"，旨在"改变传统的环境保护方式"。EPA 表示，伴随传统的环境管制，NEPT 计划将通过推进基于激励的举措带来"引领性的变化"。2006 年，NEPT 绩效激励部的长期主管 Dan Fiorino 称改变会员的管制条件是绩效追踪计划的"核心出发点"，并表示拥有良好合规记录、成熟的 EMS、社区服务以及高于法律要求的环境绩效的企业不需要服从和其他企业同样的管制要求。换言之，自愿协议项目可能会带来一项富有意义的贡献，即与 EPA、州环境官员一道参与其中的公司可以成为管制决策制定的重要来源。

NEPT 项目的另一贡献在于企业、EPA 以及州政府环境官员的参与为管制决策提供了有用的信息来源。参与其中的企业以更加开放的姿态面对管制者,后者可以充分了解其行业运作以及如何使企业变得更加清洁和安全。会员企业与管制者的接触,为监管方提供行业内部运行状况的窗口以帮助其进行未来的管制决策。当法定变更或新规则出台的时机成熟,这种与外部企业的接触对 EPA 将是十分有用的。

至少在某种程度上,绩效追踪确实帮助 EPA 官员更好地理解环境保护中 EMS 的角色。例如,在参观过 NEPT 计划的会员企业并观察到 EMS 如何在实际中运作后,EPA 可能意识到缺乏外部认证的 EMS 的质量无法保证。因此,EPA 对参与企业增加了要求,即它们的 EMS 需由第三方认证。该计划还为 EPA 了解绩效报告提供了机会。当 EPA 从会员企业收集到进展信息时,它可以更多地了解到绩效标准、规范化和交流等方面所面临的挑战。EPA 最初设想的确保企业实现目标的社区参与模型也会在经验中进行检验——尽管从来自环保组织的对项目的尖锐批评来看,这种检验在实际操作中是十分缺乏的。

当然,这类项目设计潜在的问题也很明显:

第一,企业认识到参与到项目中来,会使得其获得一种官方认可,从而有利于企业在更广泛的人群中获得认可和知名度,这是很多研究中表现出来的参与自愿协议的企业所呈现出的一个明显特征,即获得一种"正当性"。而这种"外向型"的特征要比任何基于绩效的环境领先标记都要更加清晰。因此,对于在外部特征上处于领先地位的企业,在环境绩效方面不一定取得同样成就。

第二,这种以财政资金作为支持的项目,其治理机构对环境绩效"领跑"企业的资金激励是有限的。据 EPA 在 2004 年的统计,在其对会员企业提供优惠政策的过去三年里,企业节约成本(来自监管成本的降低和灵活性的增加)总计达 70 万美元。尽管总量可观,但当平均到每个会员时,每个企业年成本节约仅 1350 美元。而据 2006 年 11 月的 EPA 调查结果,在激励企业参与该项目的 12 个因素中,监管激励被评为最不重要的一种,表明尽管 EPA 大力推行监管优惠，但这种好处对许多企业来说是无足轻重的。另外，为了使项目吸引更多的自愿参与企业，项目设计本身对企业的进入门槛要求较低，项目设定的具体要求也不会非常高，这也决定了这类自愿协议不能取得显著区别于同类非自愿协议企业的改进成果。

2.2 荷兰能源效率长期协议

自 1973 年的第一次石油危机开始，荷兰已经有了与提升能源效率和能源节约有关的政策措施。1990 年以来，自愿协议成为荷兰工业能源政策（具体政策见表 2 - 2）的重要组成部分。在 20 世纪 90 年代欧盟各成员国所达成的 300 多项自愿协议中，仅荷兰一国就有逾 100 项。目前，荷兰的自愿协议主要有两类：短期自愿协议和长期自愿协议，其中前者主要指一些关于环境政策目的的声明，而其他一些自愿协议可与长期协议归为一类。这些主要是由国家法律中包括的特殊减排目标所驱动的，荷兰有超过 50% 的协议都包括减排目标。此外，荷兰是欧盟成员国中自愿协议囊括所有 6 个欧盟环境行动计划（Environment Action Programme，EAP）主题（大气变化、内陆水资源、废物管理、空气污染和质量、土壤质量、臭氧破坏和实施质量）的仅有的两个国家之一，协议几乎影响到所有的经济部门。自愿协议在荷兰的继续推进将不仅涉及已实施部门，还将延伸到其他的经济活动中。较早的自愿协议开发历史、广泛的覆盖面以及良好的实施效果，使之成为自愿协议实践的典型。

表 2 - 2　　　　　　　　荷兰能源效率的政策工具

环境政策工具	具体内容
调节能源税（Regulating Energy Tax，REB）	REB 是一项对电力、煤炭和天然气进行年度征税的税种。征税额度随着能源使用的增加而降低（据荷兰中央税务局规定）。参与自愿协议的大型工业（＞1000 万千瓦小时）客户可以在电力征税上获得减税优惠。
欧盟排放交易机制（EU - ETS）	大型工业企业可以对排放许可证进行交易。参与自愿协议的企业可以免于直接支付由于荷兰政府在联合履约（Joint Implementation，JI）、清洁发展机制（Clean Development Mechanism，CDM）或者国际排放交易（履行《京都议定书》的目标）上的国家义务所导致的购买碳信用额的成本。

续表

环境政策工具	具体内容
可再生能源生产促进条例（SDE＋）	作为一种补贴机制对于持续上涨的电价为 ETS 公司提供补贴。2015 年预算为 5000 万欧元。
能源投资抵减计划（Energy Investment Allowance，EIA）	投资于能源效率技术的公司可以从其利润中扣除部分投资成本。EIA 每年发布可投资能源的清单，主要有企业建筑、加工业、运输资源、可持续能源以及能源建议咨询五个申请领域，每个领域都有各自对能源绩效的要求。2013 年 EIA 的总体预算为 1.51 亿欧元。
环境投资退税/环境投资任意折旧（MIA/VAMILa）	对投资于环境友好型产品或商业资源的税收减免计划。2013 年预算总计为 1.25 亿欧元。

1990 年开始，荷兰经济、农业与创新事务部开始与多个工业和非工业部门签订自愿的长期协议（voluntary long-term agreements，LTAs），以提高荷兰能源效率，大幅降低每个生产和服务单位的耗能量以进一步节约能源。自愿协议由经济事务部、基础设施与环境部两个政府部门、荷兰地方政府协会以及参与其中的企业和相关贸易组织共同签署。在签订能效长期协议前，政府代理机构必须评估协议目标的可行性，并访问潜在的签约者，核实他们加入协议的诚意。在此基础上，按照如下步骤进行签约：荷兰能源与环境署对工业部门进行能效潜力的初步评估；工业协会编写提高能效的意向书，提交给荷兰经济事务部；能源与环境署制定一系列经济可行的措施；经工业协会、经济事务部和能源与环境署三方确认后，共同签订协议（见图 2－1）。

在协议执行过程中，签约三方各司其职。政府提供政策（税收）、财政、能源审计等方面的支持；工业协会负责编写提高能效意向书，制订长期协议的全面计划并实施；自愿参与的各企业必须制订节能计划，编写年度检查报告；能源与环境署制订能效长远规划等。

为鼓励企业进入 LTA，经济事务部对签订长期协议的企业给予很大支持。如赋予参与企业获得环境许可证的优先权。该许可证包含规定的环境效率的提升目标。同时，发行许可证的地方主管部门承诺对未签约企业提供同等的选择长期自愿协议的机会。对于参与自愿项目的企业，政府将不

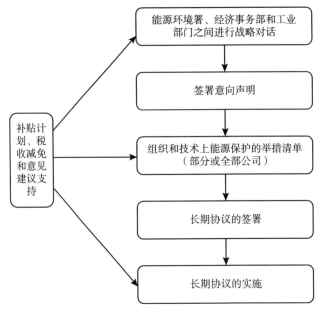

图 2-1　长期自愿协议的过程

再对其施加额外的能源节约或碳减排的政策措施,且免于征收碳税。此外,还包括诸如补贴、工业设备的详细审计以及工业法规的协调等方面的配套支持政策和项目。

参与企业也会受到相关标准和条例的制约。即如果企业不能按约定提供节能计划和年度评审报告,又无法提出具有法律效力的理由,该企业失去再申请加入长期协议的资格。若整个行业都无法实现协议目标,又无合理解释,该部门长期协议将全面终止。此长期协议受民法保护,具有法律约束力,且在今后制定法律时会首先考虑是否符合协议的要求。

一般的长期协议通常包括以下几个核心要素。

第一,工业部门改进能源效率的目标和时间表。以第一阶段自愿协议为例,工业部门的减排水平需要在 2000 年达到 1989 年排放水平的 20%。

第二,工业部门提升能源效率的行动计划。计划应包括企业的能源计划及其经济可行性。

第三,检测方法。协议应确定企业能效系数(Energy-efficiency index)(单位物质产品的能源使用情况)的监测方法。

第四，定期报告。企业需要在每年 4 月份向荷兰能源环境署提交监测数据，这些基础数据将为能源节约咨询部门的报告提供数据支撑，如图 2 - 2。

第五，协议终止条件。协议应当约定，若企业不能提交能源节约计划及每年检测结果，则协议终止，企业应自动转为受当前环境排放许可的约束。

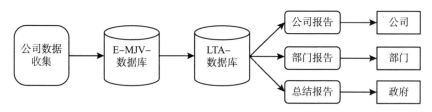

图 2 - 2　基础数据与能源报告

经过 20 多年的发展，LTAs 先后经历了几个不同的发展阶段。

第一阶段（1992～2000 年）：

自愿协议重点关注过程效率，针对产能单位现场的生产过程、设备、建筑和内务管理等进行能源效率改进。目标是在 2000 年达到 1998 年排放水平的 20%，全国的二氧化碳量比 1994 年减少 3%～5%。在这一阶段，参与主体共签署了 44 份协议，涉及 29 个工业部门，大部分协议在 2000 年结束。自愿协议完成了既定目标：从 1989～2000 年，能效提高了 22.3%（每年约 2%），相当于节能 157PJ（1PJ① 折合 3.4 万吨标准煤）；每年减排二氧化碳达 900 万吨。经测算，LTAs 给荷兰工业部门带来的经济效益按当时的能源价格计算高达 7.3 亿欧元。

第二阶段（2000～2012 年）：

2000 年后，鉴于第一次长期能效协议的成功，荷兰政府听取来自大

---

① 1 PJ per branch，PJ 是 Petajoule 的缩写，是 10 的 15 次方焦耳，称为拍焦。1 吨标准煤的热量为 7000kCal×1000 = 4.18×7000×1000×1000J。1 拍焦折合 34176.35 吨标煤，即 3.42 万吨标准煤。另外，按照联合国公约，以 1 吨标准煤为 29.3GJ 计算，则 1 拍焦折合 3.41 万吨标准煤（34129.69 吨标准煤）

型企业和中小型企业的不同呼声，针对大型企业发起了基准协议（Bench-marking Covenant）。能耗量高于 0.5PJ/yr 的能源密集企业（如石油、钢铁、有色金属、酿造、水泥、化工、玻璃、造纸、制糖等行业）开始以基准协议的形式，开展合同能源管理。它们要实现的目标是：力争到 2012 年前成为世界能效前 10% 的先进企业。同时，针对中小型企业，开展了第二期长期能效协议 LTA2。LTA2 的参与者主要为能源消耗量低于 0.5PJ/yr 的中等规模能源用户，协议期限是 2001～2012 年，有 16 个部门的 520 家企业（协议的年耗能总量为 250PJ）签署了协议。LTA2 目标是 2001～2004 年比 1998 年减排 66%；2008～2012 年比 1990 年减排 6%。

在这一时期，协议更加关注整个生产周期效率。在整个产品生产周期中，企业有义务进行能源管理，包括生产和购买可持续能源，提升运输环节能源效率并对生产废物进行回收等。此外，企业在进行产品设计中也应当考虑产品使用阶段的能源效率。

第三阶段（2007～2020 年）：

2007 年 7 月，欧盟主要成员国政府部门之间缔结了联盟协议，该协议制订了欧盟成员国以 1990 年的温室气体排放量为基准到 2020 年降低 30%，以及到 2020 年将再生能源使用量提高到 20% 的目标。结合自身实际条件，荷兰将 LTA2 和基准协议进行集约化处理，形成了第三次长期能效协议 LTA3。其目标是到 2020 年项目结束时，实现上述欧盟目标翻一番，即温室气体减排 60%，再生能源使用量提高至 40%。

荷兰政府十分重视以公共财政支出手段扶持自愿协议项目，也实施了能源投资补贴返还政策，允许环境自愿协议企业的节能投资从所得税中扣除。目前，荷兰政府正在研究可持续生产政策，相关政策研究项目正在规划和实施中。

2.3 哥伦比亚环境自愿协议

在工业化国家，环境自愿协议已颇为流行。事实上，在发展中国家，特别是在拉丁美洲的环保部门也已经接受了这种做法，并且正在迅速采取举措。例如，在过去的 15 年间，智利和墨西哥的监管当局已经与多个工业部门达成了数百项自愿清洁生产协议。

尽管发达国家的自愿协议与发展中国家有很多共通点，他们的目标通常是存在差异的。工业化国家的政策制定者通过自愿协议来鼓励企业创造高于强制性规定的环境绩效；而在发展中国家，则一般用来纠正猖獗的不合监管规则的行为。例如，智利和墨西哥清洁生产倡议的一个明确目标就是促进对强制性规定的遵从。鉴于发展中国家的自愿调节通常是合规策略执行的"前线"而非超越规定的努力，其成功的可能性是很高的。

而管制机构和参与企业对于加入自愿协议的动机也是不同的。管制者对自愿协议的采纳主要出于以下几个原因：弥补实施强制性管制措施能力的不足；建设管制措施的实施能力；降低管制的交易成本以及避免形成对环境管制的"抵抗文化"等。而在依靠自愿调控程度最高的拉美国家——哥伦比亚，研究表明前两个因素是自愿协议实施的主要动机。

在 1993 年之前，哥伦比亚的环境管理混乱。管理机构分裂为隶属农业部的低级别国家机构和散布在占国家领土约 1/4 的 18 个地区的农村发展组织（称为地区自治委员会（Corporaciones Autónomas Regionales，CARs））。机构之间权力界定不清，法律法规极不健全，书面规定的监测和执法行为都是无足轻重的。

为了彻底改善环境监管，1993 年 99 号法出台，建立起包括规划、协调、公众参与、执法和融资在内的监管机构和法律机制，从而构建起国家环境系统（Sinstema Nacional Ambiental，SINA）。SINA 的主要监管机构是国家环境部（Ministerio del Medio Ambiente，MMA）和两类地区当局：在大城市为城市环境主管部门（Autoridades Ambientales Urbanas，AAUs），此外还有覆盖整个国家的 30 个 CARs。一般来说，MMA（后与其他部委合并，更名为环境、住房和国土开发部（Ministerio del Ambiente, Vivienday Desarrollo Territorial，MAVDT）负责制定和协调环境政策和法规，

CARs 和 AAUs 负责实施和执行。CARs，以及在较小范围内的 AAUs 有相当大的政治和财政自主权，从而使其免受来自利益团体的压力。和其他国家一样，哥伦比亚的环境监管手段主要是强制性的，诸如环保牌照、排污许可证、排放和技术标准以及法律明文规定的禁止性行为等。此外，SINA 也依靠经济手段进行环境治理，其中最为重要的经济激励政策是对水和其他自然资源的使用的收费系统以及污水排放费等。SINA 还采用基于责任的环境管理工具。

但是，新的管制体系的实施仍存在很多问题。如体系的不完全性和指令的相对宽泛，仍需要新的监管当局建立起更为具体的规则，并能够针对不同经济部门进行合理调整；又如管制部门缺乏建立新的部门规则的技术、数据、经验以及金融资源等。在这一背景下，地方监管部门将自愿协议作为向新的环境管制体系转型的手段。他们希望通过自愿协议，建立起与行业代表之间的对话机制，从而可以收集技术信息、建设实施新法律所必需的能力。1993 年 99 号法的 14 条指导原则之一即"环境保护是一项需要州、社区、非营利组织和私人部门相互协调的任务"。本着这一原则，该法律为自愿协议提供了明确的法律基础。

1995～2006 年之间，哥伦比亚监管机构和行业协会签署了 64 项自愿协定（见图 2 - 3）。第一类包括代表国家工业与贸易协会签署的自愿协定。涵盖了与煤炭、石油、电力、棕榈油和农药生产商的协议，MMA 是带头监管签署方。第二类包括代表特定地理区域内各经济部门企业与贸易协会签订的自愿协定。MMA 仍负责协议的签署，地区自治委员会及城市环境主管部门内带头监管部门。第三类也是最大的类别包括了与贸易协会签订的 53 项自愿协议，每一份都代表了指定地理区域内的特定经济部门。这些协议大部分是在 2000 年及以后签署的。

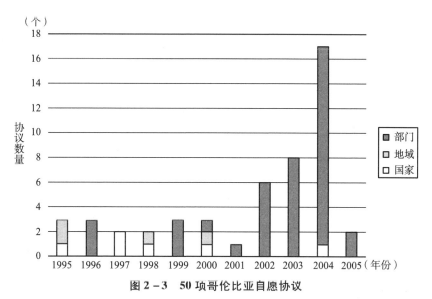

图 2-3　50 项哥伦比亚自愿协议

注：仅包括签署的 64 项中的 50 项，剩余 14 项协议签署日期记录缺失。

　　同样，私人部门参与到自愿协议中也有很多方面的考虑，包括取得先占优势，柔化强制性规定，获得补贴，促进销售，减轻来自社区和非政府组织的压力以及降低生产成本等。尽管在许多研究中，与强制性管制措施有关的因素往往是私人企业签署自愿协议最主要的驱动力，但在哥伦比亚并非如此。取而代之地，减少 99 号法所建立起的新的强制性规定的不确定性，以及对其发展和实行施加影响的需要成为许多企业的参与动机。

　　事实上，哥伦比亚自愿协议的实际进展呈现以下特点：

　　首先，综合表现较弱。据环境部的自我评估，在 20 世纪 90 年代以来签署的 64 项自愿协议中，多数协议仅覆盖极少活动类型。部门报告显示，在一个具有 47 项自愿协议的样本中，仅有 10 项在履行承诺上取得了重大进展；有 10 项中途夭折——管制机构和行业在签署协议后迅速放弃。如此看来，如果签署的大部分自愿协议都未能向其承诺靠近，尽管这些承诺可能是模糊的，自愿协议相对于通常情况或者提高环境管理能力等举措而言能够改善环境质量的论断是值得怀疑的。

　　其次，可疑的额外性。在评估自愿协议的绩效时，一个重要的问题是自愿协议是否会产生额外效益。一般地，经验证据表明环境绩效的提高往往和与自愿协议无关的因素有关，换言之，即使不存在自愿协议也会发生。而在哥伦比亚确乎如此。研究发现，环境绩效的改善主要是受国际市场、当地社区、资本市场以及其他管制项目和技术变革等因素驱动。而仅作为彻底的监管改革中的一小部分，自愿协议相较于新的监管框架下，更加严格的监测和实施举措对于污染防治的促进作用无疑要逊色得多。

能力建设。上文中已经提到，99 号法律下对于管制机构和行业代表之间的信息沟通和管制部门与私人部门的环境管理能力建设的需求，以及弥补并解决新规定下的不一致性和限制寻租行为等考虑，使得自愿协议应运而生。因此，从广义上讲，自愿协议的主要目标是建设环境管制能力，而非提高环境绩效。研究验证了这一初衷，诸如环境管理指南的出版、环境问题诊断研究的完成、许可证批准程序的参照标准一系列成果；此外，签署东安蒂奥基亚自愿协议的全部 30 家企业建立了环境管理部门，16 家企业获得了 ISO14001 的核证；在马莫纳尔区，所有签约公司都建立起环境部门；在电力部门，多项有毒废弃物的研究完成；在石油部门，环境牌照的颁发效率显著提高，等等。但是，对国家和地区的利益相关者的采访表明即使没有自愿协议，这些变化也会发生，只不过协议加速了这一进程。

哥伦比亚的经验证据表明，在发展中国家，建设环境管理能力相较于提高行业绩效或许是自愿协议更为合适的角色。尽管我们认为自愿协议的主要效益是能力建设，它也确乎刺激了行业和管制者的参与，但公共和私人部门的利益相关者都更期望自愿协议能够改善环境绩效。而无论自愿协议如何起源，哥伦比亚自愿协议的预期和实际效益之间的脱节使其成本高昂。它导致了 20 世纪 90 年代末冗余的自愿协议的快速增殖，几年后不断增长的自愿协议的幻灭以及当前对于是否以及如何继续这一政策的困惑。简言之，对效益不切实际的预期可能会导致稀缺的管制和政治资源向自愿协议的错配。对于发展中国家环境管理的广泛的教训是尽管自愿协议可能产生诸如能力建设之类的显著效益，但也要避免对这些效益的过度宣传、包装或歪曲。

第3章

环境自愿协议的机制设计

——基于理论模型的分析

自愿协议是如何产生的？在其产生过程中，政府、企业和第三方（如民间团体）又是如何进行博弈的？自愿协议项目在何种条件限制下才能实现预期的社会福利？以上问题是环境自愿协议机制设计过程中所必须要回答的问题。在国外特别是工业化国家，自愿协议发展历史较早并取得了一定成果，关于上述问题的学术讨论和成果也较为丰富。诸多学者取材具体案例，将理论研究和实证分析相结合，不断探索环境自愿协议在实现环境绩效提升方面的可能性。这其中，对政府与企业之间的博弈分析是理解企业行为和由此产生的环境效果的关键，同时也是开展理论研究的重点。本章将运用几种较为典型的博弈模型对这些问题进行分析，得出在特定假设背景下自愿协议的实现条件，以及在协议实施过程中不同参与主体的动机并由此导致的行为差异，以期为政府制定环境政策、立法机关制定相关法规以及企业选择环境保护方式提供有益借鉴。

3.1 企业自律与社会福利

在多数情况下，管制威胁对于企业做出参与自愿协议的选择起到重要的驱动作用，而这种威胁又通常源自与之利益相对的消费者群体或社群、社团组织。企业的产品质量、产品价格和环保水平都会对直接消费者或所在社区及更广泛的环境保护主义者造成直接影响，因此后者往往试图对规则的制定产生一定影响。在这一博弈过程中，通过采取先占策略实行自我管制成为企业的选择。而在特定条件下，这种企业自律行为也会提升整体社会福利。

3.1.1 自愿减排的三阶段模型

为了简化起见，我们假设公司是对称的，且不对支付进行贴现。模型中的顺序如下：首先，公司选择被认为具有约束力的自愿污染控制的水平（可能为 0）[①]；其次，公司和消费者（从产品中获得正效用，从污染中获得负效用）参与到影响减排控制政策的利益团体的竞争中；最后，在减排政策确定后，处于古诺寡头垄断的企业进行生产并出售产品。由于模型中没有其他对自愿措施的激励，如果公司不采取自愿措施，消费者可以成功地为新规则游说。正如标准的多阶段博弈模型，子博弈精炼可以通过逆向求解方式实现，逆向归纳方法如下：

第三阶段：产出市场均衡。

在博弈的最后阶段，N' 个完全相同的处于具有污染外部性行业的公司进行古诺数量竞争。公司 i 选择产出 q_i，公司面临需求曲线 $P(Q)$（其中 $Q = \sum_i q_i$），且有表达式 $Q_{-i} = \sum_{j \neq i} q_j$。公司安装减排（设施）投入的量用 Z 表示，Z 为第一阶段自愿控制投入量 Z^V 与第二阶段强制控制投入量 Z^M 之和。公司的可变单位成本为常数 $c(Z)$，固定成本为 $k(Z)$，$c(Z)$ 与 $k(Z)$ 都随投入增加而递增且凸向投入量 Z。为了重点从战略性角度研究自愿行动，本节假设自律与政府管制成本相同，均为 Z 的函数。给定 Q_{-i}，公司 i 面临的问题为：

$$\max_{q_i}[P(Q_{-i}+q_i) - c(Z)]q_i - k(Z) \qquad (3.1)$$

在古诺纳什均衡下，所有公司具有相同产出，即：

$$q_i^* = -\frac{[P(Q^*) - c(Z)]}{P'(Q^*)} \qquad (3.2)$$

---

① 减排水平的约束力可以通过以下行为来体现：公司可以采用满足控制条件的技术、将环境保护任务出售给环境组织或者以广告方式宣传企业自愿减排的形象等。

则总产量 $Q^* = N^f q_i^*$，市场出清价格为 $P(Q^*)$。由于所有公司完全相同，可以在表示时将 i 去掉。每个公司的均衡所得为 $\pi^N(Z)$，其中上标 N 表明在这一阶段不包括影响成本。而对成本的凸性假设意味着：

$$\pi_Z^N = -c_z q^* - k_z < 0$$

以及

$$\pi_{ZZ}^N = -c_{zz} q^* - k_{zz} < 0$$

第二阶段：影响博弈。

在模型中，对手方通过政治制度将减排政策转化为影响投入（influence input）的产出。模型中主要有两个利益群体：一个由 N^f 个公司组成，公司成本随着额外污染控制约束的增加而增加；另一个由 N^c 个消费者组成，消费者购买公司生产的产品并会因公司排放污染物而获得负效用。所有的个体和公司都会以非合作方式对影响投入进行分配。对公司来说，如果进入影响博弈，它总是会试图影响政策制定者以减少强制性减排要求（每家公司因此而分配的投入资源为变量）；而消费者则关心他们购买公司产品所获得的消费者剩余，进而反对高价格，并会因污染产生负效用。因此，公司可能选择一定程度的自愿减排行动，其减排水平要高于消费者对公司自愿污染控制的要求，尽管对公司来说这种行为是无利可图的。而如果消费者选择进入政治过程，也总是要分配（需投入的）资源（每人分配 m）以影响政策制定者进行更多的污染控制。

欲对政策形成过程施加影响的消费者如果进入影响博弈，一定会承担一项总的固定成本 $F(N^c)$，则每一个完全相同的消费者承担的固定成本为 $f(N^c) = F(N^c)/N^c$。在当前背景下，个体需要了解减排对其健康的影响以及各种可能的政策补救措施的影响。进而，具有相似利益的个体必须相互协调共同的应对策略，在这一过程中将产生组织成本。公司与消费者任务类似，但由于对公司进行管制的成本的评估相对于对消费者健康和审美上的好处的评估更加容易，且行业中公司数量要远少于消费者的数量，因此其组织成本要低于消费者。不失一般性地，我们把公司的组织成本均标准化为 0。

由于 N^f 个公司完全相同，分配到政治压力的总资源为 $L = N^f l$。同样，如果消费者选择承担进入政治过程的固定成本，N^c 个消费者对施压活动投入的总资源为 $M = N^c m$。用函数 $Z^M(M, L)$ 来表示影响过程，作为表示影响投入的函数，$Z^M(M, L)$ 可以表示强制性减排效果；当公司存在自愿减排时，总的减排效果为：$Z(M, L) = Z^V + Z^M(M, L)$，其中，$Z_M > 0$，$Z_L < 0$，$Z_{MM} < 0$，以及 $Z_{LL} > 0$。

在影响博弈中，考虑典型的公司最优化问题。给定其他主体的影响选择（M 为消费者投入资源，L_{-i} 为其他公司的投入资源），公司 i 需要选择影响投入 l 来最大化：

$$\pi^N(Z^V + Z^M[M, L_{-i} + l]) - l \tag{3.3}$$

每个公司的最优选择为：

$$\pi_Z^N Z_l = 1 \tag{3.4}$$

消费者是效用最大化者且独立地选择各自的游说成本。当产品价格上涨时，效用下降，环境污染总量上升。由于公司是对称的，令 $d = f(Z, q)$ 为单个公司所导致的总环境退化量，$D = D(N^f, Z, q)$ 为（所有公司）总的退化量。在第三阶段，我们得到公司会选择 q^*，且公司数量是固定的，又 D 依赖于 q 和 N^f 的变化，则消费者的总福利为：

$$U^N[P(Z), D(Z)] - m \tag{3.5}$$

单个消费者的最优选择 m 由下面等式得出

$$(U_P^N P_Z + U_D^N D_Z)Z_m = 1 \tag{3.6}$$

令 $U^N(Z) \equiv U^N[P(Z), D(Z)]$，则上式可以表示为 $U_Z^N Z_m = 1$。我们认为 $U_{ZZ}^N < 0$，而 U_Z^N 最初为正，但是会出现递减并可能为负。

在影响博弈中，等式（3.4）和式（3.6）产生公司和消费者各自的反应函数 $l^*(m, Z^V)$ 和 $m^*(l, Z^V)$。我们假设 $Z_{ML} \cong 0$，从而确保反应函数是向上倾斜的（如图 3-1 所示），说明游说成本是策略互补的。我们还假设管制不会强制污染增加，因而当 $Z^M(M, L)$ 为 0 时，公司会削减其在影响上的支出。这一效应可以从图上即公司与消费者压力具有同等效力时反映出来：公司的反应曲线是 45 度线和函数 $l^*(m, Z^V)$ 的上包络线，其中当管制可以使得公司污染更加严重时适用 $l^*(m, Z^V)$ 函数。压力的均衡水平为 $l^e \equiv l^*(m^e, Z^V)$ 以及 $m^e(Z^V) \equiv m^*(l^e, Z^V)$。

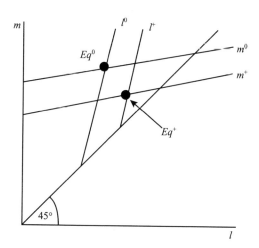

图 3 - 1 企业（l）和消费者（m）在影响博弈中的反应函数

第一阶段：自愿污染控制。

在利益群体为影响减排政策进行竞争之前，公司可以选择一定程度（可能为 0）的自愿污染控制。令 $Z(Z^V) \equiv Z^V + Z^M(Z^V)$ 且 $Z(0) > 0$，从而可以避免污染外部成本对消费者来说过低而不会对减排产生任何法律要求的情况。公司因而会选择 Z^V 来最大化如下的均衡利润函数：

$$\pi^I(Z^V) = \pi^N[Z(Z^V)] - l^e(Z^V) \tag{3.7}$$

其中，上标 I 表明利润衡量了净影响成本。同样，我们用下式表示消费者效用，净影响成本：

$$U^I(Z^V) = U^N[Z(Z^V)] - m^e(Z^V)$$

自愿减排的重要影响之一即改变了影响博弈的产出。它直接建立起参与者的反应函数是如何随着 Z^V 上升而上升的。对式（3.4）和式（3.6）进行区分，有下列关系：

$$\frac{\mathrm{d}l^*}{\mathrm{d}Z^V} = \frac{-\pi_{ZZ}Z_l}{\pi_{ZZ}Z_l^2 + \pi_Z Z_{ll}} > 0$$

以及，

$$\frac{\mathrm{d}m^*}{\mathrm{d}Z^V} = \frac{-U_{ZZ}Z_l}{U_{ZZ}Z_m^2 + U_Z Z_{mm}} > 0$$

因此，自我管制使得公司在影响博弈中强硬（tough）而消费者更加温和（soft）。图 3 – 1 反映了消费者和公司随着自愿减排增长的反应函数，上标为 0 的函数代表当自愿减排为 0 时的反应函数，上标为加号的代表正自愿减排的反应函数。随着积极进行自愿减排，消费者的反应函数下降，反映了进一步减排控制的边际价值减少。同时，公司的反应函数外移，反映了进一步控制的更高的边际成本。需注意的是，公司反应曲线的较低部分不会反生转变，反映了对公司不得污染更多的约束，所以一旦强制性减排降至 0，他们只是匹配消费者在影响上的支出。

3.1.2 企业和消费者行为

命题 1 建立了企业通过先占策略而采取合作式的自愿减排措施可获利的条件。即：

命题 1 完美共谋的寡头垄断可以进行一定（正）水平的自愿减排并在消费者介入管制过程中占得先机，从而消费者的固定组织成本存在一个区间。令 $f_{Z^V\max}$，$f_{blockade}$ 为区间端点，其中 $f_{z^v\max} \geqslant 0$。若 $f_{Z^V\max} < f(N^c) < f_{blockade}$，在 $f(N^c)$ 下，公司的选择 Z^V 是递减的；若 $f(N^c) > f_{blockade}$，消费者的介入是被"封锁"的，即以 Z^V 被抢占先机。

对这一命题最基本的直觉较为简单：政治成本在自愿减排和强制减排的消费者效用之间打入一个楔子，公司可以充分利用这个楔子在管制中占得先机。行业最优选择 Z^V 以及消费者面临的固定成本如图 3 – 2 所示。

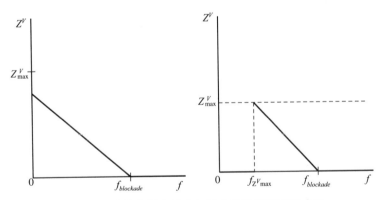

图 3 – 2 消费者固定成本与行业最优自愿减排水平

注：左：当先占是有利可图甚至当消费者固定成本 f 为 0 时，最优自愿减排为 Z^V；右：如果当消费者固定成本为 0 但先占无利可图时，最优自愿减排为 Z^V。

当公司成功占得先机相较于 $Z^V = 0$ 更加有利可图，并赢得影响博弈时，Z_{max}^V 代表最大化自愿减排程度。由于相对应的消费者固定成本的存在，使得 Z_{max}^V 足以占得先机；我们用 $f_{Z^V max}$ 代表消费者对应的固定成本。对于组织成本大于 $f_{Z^V max}$ 的，取得领先总是有利可图的，自愿减排所应达到的程度也随着固定成本（上升）而下降。当然，当固定成本足够大时，$f \geqslant f_{blockade}$，即使 $Z^V = 0$，消费者也将选择不游说，在这种情况下，我们认为进入是被封锁的。

一般来说，$f_{Z^V max}$ 是否大于 0 是不确定的。图 3 - 2 的两种情况代表了消费者固定组织成本的低水平的两种模式。在图 3 - 2 的左图中，加粗线代表当 $f_{Z^V max} \leqslant 0$ 时的自愿减排，在这种情况下自愿减排水平从 $f(N^c)$ 开始单调递减；在其右图中，$f_{Z^V max} > 0$，所以当消费者固定成本为 0 时，抢占先机是无利可图的，此时，若消费者固定成本低于 $f_{Z^V max}$，自愿减排急剧下降。

需重点强调的是，一般情况下，消费者先占固定成本不一定会产生。当 $f(N^c) = 0$ 时，取得先机是否有利可图（且由此无论适用上述哪种情况），都取决于消费者影响成本的均衡水平 $m^c(Z^V)$；如果该成本足够高，即使消费者组织成本为 0，企业取得先占优势都是有利可图的。反过来，这些影响成本依赖于利润和效用函数的曲率。当 U_z 很大或 U_{zz} 很小时，由于进一步减排的消费者边际效益高且下降缓慢，消费者影响成本往往会很高。当 π_z 或 π_{zz} 很高时，快速减排对公司而言成本高昂，公司需要艰难地应对且避免强制性减排要求，因此消费者的游说成本同样会很高。在任何情况下，只要组织成本高于 $f_{Z^V max}$，自愿减排随 f 递减。

尽管公司可能合谋取得先机，但当公司必须以非合作方式选择自愿减排水平时这种先占可能是不明显的。接下来的命题将解决这一问题。当一个连续的不对称的先占均衡存在时，为了简化清晰，我们将关注对称均衡。

命题 2　当 $f_{Z^V N^c} > f_{Z^V max}$ 时，对于 $f(N^c) \in [f_{Z^V N^c}, f_{blockade}]$，非合作寡头垄断的对称先占是可能的。

如果公司不能就自愿减排进行协商，"搭便车"行为就会出现。在自愿减排的合谋层面，任何公司都倾向于避免自愿减排并允许影响博弈的产生。在这种情况下，它可以在无需任何成本的情况下，通过其他公司的自愿减排活动享受降低强制减排要求的好处。此外，由于不采取（有成本的）自愿行动，相对于未搭便车公司还可以获得成本优势。因此，合谋情况下的自愿减排不可能作为非合作均衡以维持。尽管如此，博弈第二阶段强制减排的威胁将在一定程度上支持非合作先占均衡。关键在于当自愿减排程度足够小时，由于公司的行动对于率先占据规则来说至关重要，公司 i 愿意采取与其他公司相同或高于这一水平的自愿减排措施。因此，对于高的消费者固定成本，先占行动仍然会发生，但当 $f_{ZVN^c} > f_{ZV\max}$ 时，先占行动会以合谋但非合作方式发生。

一般认为，随着公司数量增加，"搭便车"行为会使得先占策略的实现变得更加困难。在本节模型中，先占行为是否会发生取决于两个因素：（1）公司间进行充分自愿减排的协商能力（供给）。（2）公司在消费者进入政治过程前取得先占优势所需的自愿减排水平（需求）。随着 N^f 的增加，"搭便车"问题恶化，先占的供给也会随之减少；先占的需求却取决于在影响博弈中的强制性减排水平，作为游说活动的一个函数并随着企业数量的变化而上升或下降。但实证研究表明，不存在当行业中只有少数生产者时更可能进行自愿减排的理论假设（Peltzman，1976；Arora & Cason，1995）。

总之，游说成本不足以支持先占行动，需要严格为正的固定组织成本使得取得先机可获利的。在任何一种情况下，一旦先占策略可以获利，自愿减排的均衡水平会随着消费者固定成本增加而单调递减。当公司以非合作方式进行自愿减排时，要使得先占变得有利可图需要消费者更高的组织成本。

3.1.3 福利内涵

我们将从两个层面对福利进行评估。第一，建立一个社会最优污染控制量的基准，并将其与影响博弈的结果进行对比，之后检验自我管制是否会促使向社会最优量发展。第二，对更具限制性但更为重要的问题进行检验：当没有自愿减排时，自愿污染控制帕累托是否会主导影响过程。

福利最大化的社会管制者会选择 Z 以最大化：

$$N^f \pi^N(Z) + N^c U^N(Z) \tag{3.8}$$

得出：

$$\frac{\pi_Z^N}{U_Z^N} = -\frac{N^c}{N^f} \tag{3.9}$$

另外，等式（3.4）和等式（3.6）表明影响博弈的均衡可以用式（3.10）① 表示：

$$\frac{\pi_Z^N}{U_Z^N} = \frac{Z_m}{Z_l} \tag{3.10}$$

由式（3.9），社会最优水平与影响博弈的均衡水平在两个方面存在区别。第一，福利最大化视公司和消费者同等重要。因此，不同于式（3.10）中的均衡结果，等式（3.9）不包括游说成本的相关影响。由于游说的有效性服从于报酬递减，（消费者）群体在游说上投入越多，其在影响博弈较在福利最大化中的境况愈加恶化。第二，福利最大化反映了公司和消费者的相对数量（如等式（3.9）等号右侧所示），但均衡结果并非如此。第二个区别的原因在于影响博弈体现了我们的假设，即所有的参与者以非合作方式做出他们的影响决策。因此，每个消费者或公司的最后一单位游说支出等于他们各自的从减排变化中所获得的边际收益。尽管边际成本对其他主体的影响可以忽略，"搭便车"者的影响会使得均衡偏离福利最大化。搭便车的问题会随着利益群体中人员数量的增加而更加严重，所以相对于福利最大化，影响博弈更加偏向成员数量较少的群体。

需注意的是，游说递减的边际报酬以及搭便车问题都与消费者利益相悖。当没有自愿减排时，消费者的参与会导致某些污染管制，即消费者较公司在总体上会投入更多的资源到游说上。由于游说的边际报酬递减，影响博弈相较于福利最大化对消费者来说情况更糟。此外，我们认为消费者的数量要多于公司，所以消费者面临更加严重的搭便车问题，进而在影响博弈中减少了消费者福利。可以由之间的观察结果得出命题3。

命题3 如果在某一行业中消费者数量高于企业数量，且在均衡状态

① 由于 $Z_l < 0$，所以式（3.10）的等号右侧为负。

下会面临污染控制的监管要求，政治影响博弈相较于社会最优会产生更少的减排成果。

一般来说，自我管制是否会使得污染控制水平接近社会最优是不确定的。命题1保证了在$f(N^c)$足够大时，会存在减排的一个先占水平。当$f(N^c)$逐渐接近$f_{blockade}$时，先占水平会趋近于0且会低于单独的影响博弈所产生的总减排水平。相反地，当$f(N^c)$很低时，公司的自我管控水平可能会超过影响博弈的水平以节约游说成本。

更有意义的问题是，自愿减排所提高的社会福利是否会超过无自愿减排情况下的福利。为了解决这一问题，我们建立一个引理，为自我管控的社会福利为正提供充足的条件。关键的要求是两个利益群体的影响投入（用Z_{ml}衡量）之间是正向或反向互补关系并不明显。这些互补性是正或负并没有先验理由，因而不在其正负上持有立场，只是简单地考虑其所受限制的大小。

引理　存在$\varepsilon>0$，使得当$|Z_{ml}|<\varepsilon$时，对$\forall(m,l)$，当Z^V上升时，$m^e(Z^V)$下降，$l^e(Z^V)$上升。

如前文所述，消费者和公司的自愿减排的反应曲线在影响博弈中发生变化，使得消费者更加"温和"，公司更加"强硬"。引理提供了一个简单的充分条件，在这一条件下，自愿减排对每一利益主体游说成本的直接影响（竞争对手成本不变）要大于策略影响（通过改变竞争对手成本来调节）。当引理条件成立时，直接表明相较于公司不采取自愿减排策略，自愿减排提高了消费者福利。

命题4　如果先占策略发生，且引理条件成立，相较于公司不采取自愿减排且政府实施管制情况，消费者福利和利润都会增加。

如果企业选择先占，那么先占策略一定是有利可图的。但消费者境况会更好的结果是不明显的，也不能简单且充分说明在$Z=Z^V$时消费者境况比$Z=0$时要好。相较于无自愿减排，消费者为了比Z^V更加严格的标准$Z(0)$进行游说，消费者的境况会更好。这一论证可以分为两步：第一，可以观察到只要消费者进入影响博弈，当企业进行自愿减排时他们的境况总会变得更好。由引理，总的减排量随着Z^V上升而上升且消费者的游说

成本随着 Z^V 上升而下降。这两种效应一定会提高消费者福利。第二，可以观察到如果公司采取先占策略，它会选择自愿减排水平 Z^V，此时的消费者进入影响博弈获得 $Z(Z^V)$ 与不进入的境况是一样的。然而，前述论点表明消费者更喜欢 $Z^V > 0$ 的影响博弈而非 $Z^V = 0$。因此，如果消费者允许当 $Z^V > 0$ 时被先占，他们的境况相较于努力争取对没有自愿减排的行业施加标准时的会更好。

命题 4 有两个主要的政策影响。第一，它支持了只要自我管制对消费者游说有效性的策略影响不太显著，即允许行业就污染限度的选择进行协商。正如命题 2 所表明的，在某些情况下以非合作方式采取行动的公司将会选择不参与自愿减排，但当他们就行动进行协商时会参与进来。命题 4 表明，只要 Z_{ml} 不是很大，这种协作会提高社会福利。在这一背景下，就合谋的反垄断起诉将会减少社会福利。

分析的第二个含义是政府不一定对参与管制的消费者进行补贴。国家监管当局越来越多地采取资金分支机构如地方纳税人支持部门或消费者顾问办公室等来介入到效用率的案例中。这些行动旨在抵补消费者介入管制过程的高昂成本。事实上，这样的补贴可以使得政策制度从没有政府管制（由于消费者组织成本过高）转变为先占策略的实施。结果还表明，通过用政府管制替代成本更低的行业自我管制，这些努力可能无意中使得消费者状况更加恶化。固定的组织成本隐含消费者"可接受的"自我管制的水平，超过这一水平可能使其退出参与政治进程。若组织成本降至很低，这一承诺可能会被破坏，公司的先占可能会变得无利可图。通过命题 4 表明这可能会使消费者状况更差。

本节还对垄断和监管政策之间的联系进行了识别。赋予行业就污染控制进行联合的权利降低了消费者未来的组织成本，而低于这一成本自我管制将会变得无利可图。因此，对于任何 $f(N^c)$，允许合作的反垄断政策会降低对消费者政治行为的管制补贴会破坏自我管制的风险。

本节建立起一个公司通过自我管制来在政府施加管制之前采取先占策略的模型。当消费者组织游说并影响政治进程的成本较高时，公司可以将消费者预期的管制控制所带来的净效用与较低水平的自愿控制相匹配，进而阻止消费者参与到政治进程中来。随着管制威胁不断增加，以消费者信息和组织成本降低为例，自我管制则变得更为严格；进而，本部分理论表明公司不能利用自我管制来破坏消费者实施强制性管制的威胁。因此，当自我管制先于政府行动时，公司和消费者的境况都会变得更好。

3.2 管制者与污染者的立法游说

在本章3.1节已经构建起包括企业和消费者在内的自愿协议的一般模型，并对协议的福利内涵进行理论分析。而在现实世界中，通过政治游说来约束企业的过程要更加复杂。以西方国家为例，可置信的威胁往往通过立法程序来实现。因此，在一场政策博弈中，参与主体不再仅限于管制者和污染者，负责立法的国会也需要在博弈中进行决策以实现自身效用最大化，并进而可能导致立法的扭曲或者自愿协议的不可执行。本节将探讨参与各方在立法游说活动中的策略选择以及其对自愿协议执行效力的影响。

3.2.1 立法博弈的一般模型

现实世界的自愿协议具有的三个关键特征：第一，公司对自愿协议的参与以及遵约行为常受法律威胁驱动；第二，游说通常降低了这些威胁的严格性和可信度；第三，大部分自愿协议是不能被执行的。

本节将建立一个有三个参与者的政策博弈：仁慈的监管者、公司（称其为污染者）和负责立法的国会。在第一阶段，管制者和污染者就自愿协议进行协商，确定污染者应达到的污染减轻水平 B。若持续存在分歧，管制者可以要求国会进行立法。但国会中游说活动的可能会阻碍具有社会效率的强制性政策的实施，致使问题变得更加复杂。在这一背景下，管制者必须在两种不好的情况中做出选择：被游说扭曲的立法或者不可执行的自愿协议。

事实上，某些自愿协议包括行业组织所代表的污染者的联合。在这里，污染者为一个单独的公司或行业，我们假设联合的成员可以解决其集体行动问题。

减轻污染需要污染者承担一定成本，这可以用一个递增的凸函数 $C(B)$ 来表示，且 $C'(0) < 1$ 以及 $C(0) = 0$；文中自愿协议与法定配额下的减排成本相同。减排还会产生环境效益，令该效益等于减排水平 B，所以社会福利可以如式（3.11）表示：

$$W(B) = B - C(B) \qquad (3.11)$$

效益函数的线性特征在不改变任何结果的情况下简化了符号。在这些假设下，最大化社会福利的减排水平 B^* 可通过式（3.12）解得：

$$C'(B^*) \equiv 1 \qquad (3.12)$$

如果管制者和污染者未能达成协议，法律强制实施的减排水平设为 L。与自愿协议相对，在模型中我们假设污染者完全遵从配额。减排额度 L 为管制者实施的立法程序的结果。假定污染者是唯一的游说团体，通过为中立的立法者提供竞选资助（捐款）来对国会施加影响。

资助可以实物方式——为立法者工作，沟通，说服民众或者以现金方式。面对潜在挑战者，立法者通过最大化赋有权重的竞选捐款和社会福利来尽可能提高其再次当选的可能性。事实上，立法者可以被视为一个民主选举产生的议员，在国会任期内，收集其会在将来用到的竞选捐款。在这种情况下，他面临一个权衡：（1）更高的竞选捐款以帮助他说服犹豫不决或无知的选民，但将会以支持资助团体、扭曲政策选择为代价；（2）假定选民在对候选人进行选择时会考虑他们的福利，进而更高的社会福利可以提高立法者再次当选的可能性。因此，立法者的效用函数表示如下：

$$V(L, x) = \lambda W(L) + (1 - \lambda)x \qquad (3.13)$$

其中，L 为法定额度，x 为给予立法者的竞选资助额度，且 $\lambda \in [0, 1]$ 为外生给定的立法者赋予社会福利相对于竞选捐款的权重。λ 可以理解为国会对游说的反映程度。

立法的子博弈的时间顺序如下：

（1）管制者发起立法进程，要求国会强制实施减排额度；

（2）污染者参考法定额度 L 为中立立法者提供竞选资助额度，这一资助被视为有约束力的；

（3）其后，立法者提议并批准额度 L，并收到与政策选择有关的捐款。

需注意的是，在这一政治程序中，管制者不设定国会议程。它可以要求国会立法，但不能规定国会所表决的特定减排水平。如果管制者能够规定减排水平，他们将会提议最优化的额度 B^*。由于对于任何 L 和 x，这一额度将会被国会批准，上述政治扭曲也会因此而规避。

如果自愿协议被采纳，但是污染者选择不遵约，我们假设管制者发起立法程序要求减排额度为 L。由于此种情况会发生在未来期间，污染者会对制裁成本进行贴现。因此，只有当实现目标 B 的成本低于制裁的贴现成本时，污染者才会选择遵约：

$$C(B) \leqslant \delta[C(L) + x(L)] \qquad (3.14)$$

其中，δ 为贴现因子，$\delta \in (0, 1)$ 反映了污染者的耐心。

本书假设管制者不能观察到污染者的贴现因子，因此不能完全了解污染者对遵从自愿协议的倾向：

假设 1 δ 是一个随机变量，当博弈开始时它的实现只有污染者知道，但是 δ 的分布为大家所知，即均匀分布于 $[\bar{\delta} - \sigma, \bar{\delta} + \sigma] \subset [0, 1]$。

引入遵约的不确定性有两个原因。第一，它是现实的。等待成本对每个污染者或者行业来说都是特定的，取决于不可逆投资的权重、公司的财务结构以及相似的异质性特征。第二，假设是基于理论的。如果管制者知道 δ，博弈的结果会引入一个角解。如果 δ 超过某个阈值，污染者将完全遵从自愿协议；如果低于该阈值，污染者不会完全遵从，管制者绝不会采用自愿协议。

假设 1 表明在博弈开始时，管制者只知道污染者是否遵约的概率，用 $p(B)$ 来表示。形式上，给定分布特征，概率函数为：

$$p(B) = Pr(C(B) \leqslant \delta[C(L) + x(L)])$$

$$= \begin{cases} 1, & B \leqslant B^{min} \\ \dfrac{1}{2\sigma}\left(\bar{\delta} + \sigma - \dfrac{C(B)}{C(L) + x(L)}\right) & B^{min} < B < B^{max} \\ 0, & B \geqslant B^{max} \end{cases} \qquad (3.15)$$

其中，B^{min} 和 B^{max} 表示减排水平，使得：

$$C(B^{\min}) \equiv (\bar{\delta} - \sigma)(C(L) + x(L))$$
$$C(B^{\max}) \equiv (\bar{\delta} + \sigma)(C(L) + x(L))$$

最后，假设管制者也会对未来立法的社会福利用 ε 进行贴现，贴现因子为正但小于 1 决策树如图 3 – 3 所示。

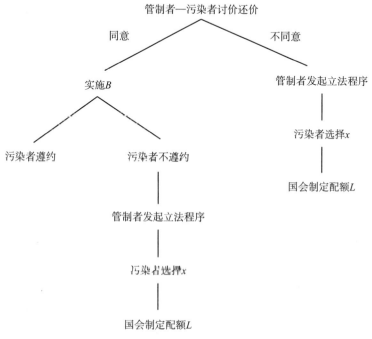

图 3 – 3　自愿协议策略博弈的决策树

3.2.2　自愿协议存在的条件

由于管制者与污染者之间任何可行的自愿协议都必然满足福利最大化的管制者的参与约束，因此相较于立法而言协议一定会提高社会福利。

3.2.2.1　立法子博弈

我们首先需要描述在均衡中出现的立法因素。上文已得到立法者的效用函数为 $V(L, x) = \lambda W(L) + (1 - \lambda)x = \lambda[L - C(L)] + (1 - \lambda)x$。任何可行的资助都必须使得立法者在实施政策 L 时至少获得与没有资助情况下相等的效用。否则，他将拒绝提供（政策支持）并实施 B^*（$x = 0$ 时他的理想政策）。因此，对于一项可行的资助，需要满足 $V(L, x) \geqslant V(B^*, 0) =$

$\lambda[B^* - C(B^*)]$。污染者提供的资助，将最小化他的负效用 $C(L) + x$，以从属于可行性约束。由于他的负效用随着 x 递增，可行性边界将具有约束力。资助可以隐性地定义为 $V(L, x) = V(B^*, 0)$。因此，竞选资助将如下式所示依赖于配额：

$$x(L) = \frac{\lambda}{1 - \lambda}[W(B^*) - W(L)] \qquad (3.16)$$

根据等式（3.11）和等式（3.16），污染者最小化：

$$C(L) + x(L) = \frac{\lambda W(B^*) - \lambda L + C(L)}{1 - \lambda} \qquad (3.17)$$

由于函数式（3.17）为凸函数，存在一个 L^* 最小化污染者的负效用，即当 $C'(L^*) = \lambda$。污染者提供竞选资助 $x(L^*)$ 用以交换 L^* 法定额度的减排要求。所得结论如下：

引理 1　均衡的法定额度 L^* 是使 $C'(L^*) = \lambda$ 的值，均衡的竞选资助 x $(L^*) = \frac{\lambda}{1 - \lambda}[W(B^*) - W(L^*)]$。由于 $\lambda < 1$，因而 $L^* < B^*$。

3.2.2.2　自愿协议子博弈

当就自愿减排程度 B 进行协商时，污染者的效用很明显取决于他的合规决策。给定合规条件式（3.14），其支付如下：

$$\max\{-C(B), -\delta[C(L^*) + x(L^*)]\} \qquad (3.18)$$

签订自愿协议对污染者来说为占优策略，因为：

引理 2　自愿协议下污染者的支付高于他的任何水平的自愿减排的立法支付。

证明．立法支付为 $-C(L^*) - x(L^*)$，如果 $C(B) \leqslant \delta[C(L^*) + x(L^*)]$，由于 $\delta < 1$，则 $-C(B) \geqslant -[C(L^*) + x(L^*)]$。或者，如果 $C(B) > \delta[C(L^*) + x(L^*)]$，很明显地有 $-\delta[C(L^*) + x(L^*)] > -[C(L^*) + x(L^*)]$。

引理的直觉是简单的。污染者愿意参与任何的自愿协议，是因为贴现使得制裁成本 $\delta[C(L^*) + x(L^*)]$ 严格小于他不同意签订协议时的负效用 $[C(L^*) + x(L^*)]$。因此，污染者签订自愿协议或是因为其成本要低于立法（当 B 很低时），或是因为他将不遵从协议（当 B 更高时）。

这一属性简化了分析：不可执行的自愿协议只受管制者偏好驱动。

在自愿协议下，我们定义管制者的支付：

$$W^{VA}(B) = p(B) \equiv p(B)W(B) + [1 - p(B)]\varepsilon W(L^*) \qquad (3.19)$$

其中 ε 是在不遵约情况下未来立法的社会福利的折现率。需注意的是，正如政治经济学文献中常见的，我们假设管制者不关心竞选资助，因为它是污染者与国会之间的传递。另一个假设为资助作为一种成本包含在福利函数中，将不会改变结果。它仅仅会通过对管制者创造一种额外激励来运用这一工具，使得自愿协议更可能实现。

假设 1 在博弈中（单方面）引入了信息不对称。在这种情况下，讨价还价理论告诉我们，当支付具有相关性时，满足参与者的参与约束不足以确保事后效率的讨价还价的成果的存在。直观的，这是因为消息灵通的参与者有激励操纵其传递给没有获得信息的参与者。更确切的，前者有激励假装其会遵从自愿协议。当管制者意识到"说谎的激励"时，其愿意接受的最低减排水平将严格大于遵从自愿协议的"高级型"污染者的预先确定的水平。然而，由于管制者意识到污染者愿意接受任何自愿协议（见引理 2），这一普遍论点不适用于我们的情况。我们在引理 3 中建立的论点更为严格。

引理 3 如果存在减排水平 B 使得 $W^{VA}(B) > W(L^*)$，则存在一个讨价还价的过程使得讨价还价产生一个事后效率的贝叶斯纳什均衡。

证明. 考虑下面的讨价还价的过程。污染者向管制者报出减排水平，如果被接受，协议达成，博弈结束；但是如果管制者拒绝污染者报出的减排水平，则博弈以无协议达成而结束。令 $\tilde{B}(\delta)$ 代表当污染者类型为 δ 时污染者所报减排水平，则如下的策略类型为贝叶斯纳什均衡：$\forall \delta \in [\bar{\delta} - \sigma, \bar{\delta} + \sigma]$，$\tilde{B}(\delta) = B^0$ 使得 $W^{VA}(B^0) = W(L^*)$；且管制者接受所报减排水平。结果很明显是帕累托有效的，这是因为对 B^0 的任何偏离都会使得参与者境况变差。该讨价还价过程向污染者分配了所有的谈判力量。在管制者有谈判能力的假设下，由于污染者在任何情况下都会同意自愿协议，管制者将会使得减排水平能够最大化其支付且该水平能够被污染者接受。

3.2.3 管制者的谈判支付

3.2.3.1 一般属性

引理 3 表明自愿协议存在的充分必要条件是使得 $W^{VA}(B) > W(L^*)$ 的减排水平 B，或者另一种情况即：

$$\max\{W^{VA}(B): B \geqslant 0\} > W(L^*) \qquad (3.20)$$

最高的自愿协议福利一定超过均衡立法福利。下面将分析 W^{VA} 的属性以判断满足条件式（3.20）的情形。结合式（3.15）和式（3.19），可以得出：

$$W^{VA}(B) = \begin{cases} W(B) & B \leqslant B^{\min} \\ F(B) & B^{\min} < B < B^{\max} \\ \varepsilon W(L^*) & B \geqslant B^{\max} \end{cases}$$

$$F(B) \equiv \frac{1}{2\sigma}\left(\bar{\delta} + \delta - \frac{C(B)}{C(L^*) + x(L^*)}\right)\left[W(B) - \varepsilon W(L^*)\right] + \varepsilon W(L^*)$$

$$(3.21)$$

下面，我们将建立 F 的一组属性，用来概略地代表 W^{VA}。

引理 4 有：

1）$F'(0) > W'(0)$.

2）$F(0) = 0$.

3）若 $W(B^{\max}) < \varepsilon W(L^*)$，则对于任何 $B \in [B^{\min}, B^{\max}]$ 有 $F' > 0$.

4）若 $W(B^{\max}) \geqslant \varepsilon W(L^*)$，且 $F'(B^{\min}) > 0$，则 F 存在唯一的内部最大化，超过 $[B^{\min}, B^{\max}]$，用 $\hat{B}$ 表示.

5）若 $W(B^{\max}) \geqslant \varepsilon W(L^*)$，且 $F'(B^{\min}) \leqslant 0$，则对于任何 $B \in [B^{\min}, B^{\max}]$ 有 $F' \leqslant 0$.

证明．见附录 A - a1

运用这些性质，图 3 - 4，图 3 - 5，图 3 - 6 表示在不同情况下 B 的函数 W^{VA}。在所有情况下，当 $B \leqslant B^{\min}$ 时，$W^{VA}(B)$ 等于 $W(B)$（因为 $p(B) = 1$）；当 $B \geqslant B^{\max}$ 时，$W^{VA}(B)$ 等于 $\varepsilon W(L^*)$；当 B 介于 $B^{\min}$ 和 $B^{\max}$ 之间时，W^{VA} 要么严格递减（如图 3 - 4 所示）；要么不单调（如图 3 - 5 所示）又或者严格递增（如图 3 - 6 所示）。

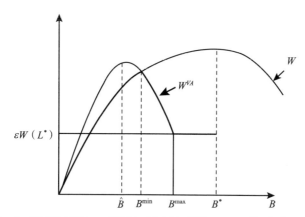

图 3-4 若 $W(B^{msc}) \geqslant \varepsilon W(L)$ 且 $F'(B^{min}) \leqslant 0$，W^{VA}（加粗）和 W

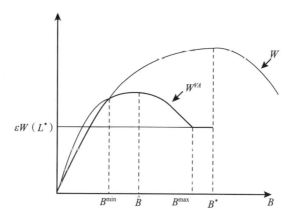

图 3-5 若 $W(B^{msc}) \geqslant \varepsilon W(L)$ 且 $F'(B^{min}) > 0$，W^{VA}（加粗）和 W

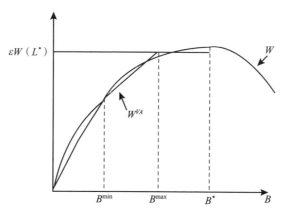

图 3-6 若 $W(B^{max}) < \varepsilon W(L)$，$W^{VA}$（加粗）和 W

由图 3 – 4、图 3 – 5、图 3 – 6，很明显自愿协议社会福利的最高水平如下：

$$\max\{W^{VA}(B):B\geq 0\}=\begin{cases}W(B^{\max}) & W(B^{\max})\geq \varepsilon W(L^*)\text{且}F'(B^{\min})\leq 0\\F(\hat{B}) & W(B^{\max})\geq \varepsilon W(L^*)\text{且}F'(B^{\min})> 0\\\varepsilon W(L^*) & W(B^{\max})< \varepsilon W(L^*)\end{cases}$$

因此，

命题1 1）如果 $W(B^{\max})\geq \varepsilon W(L^*)$，若 a）$F'(B^{\min})\leq 0$ 且 $B^{\min}>L^*$ 或者 b）$F'(B^{\min})>0$ 且 $F'(\hat{B})>W(L^*)$，则存在福利改善的自愿协议；2）如果 $W(B^{\max})< \varepsilon W(L^*)$，则不存在产生高于立法配额的社会福利的自愿协议。

证明．因为我们知道在不同情况下的 $\max\{W^{VA}(B):B\geq 0\}$，所以证明是直接的。在 $W(B^{\max})<\varepsilon W(L^*)$ 的情况下，由于 $\max\{W^{VA}\}=\varepsilon W(L^*)$ 严格小于 $W(L^*)(\varepsilon<1)$，则没有自愿协议是可行的。

命题1是本节的主要命题。它建立了根据参数值来判断是否存在自愿协议的方法。此外，自愿协议可能存在不遵约的风险。例如，假设管制者拥有全部的谈判力量，并可以在 $W(B^{\max})\geq \varepsilon W(L^*)$ 且 $F'(B^{\min})>0$ 时选择减排水平 $\hat{B}$ 以最大化 W^{VA}。且从式（5）中我们知道 $p(\hat{B})<1$。另一种情况，如果 $F'(B^{\min})\leq 0$，管制者会选择 $B^{\min}$ 且遵约概率为1。

3.2.3.2 命题1的说明

命题1没有解释不同的参数值如何影响自愿协议存在的可能性。例如，由于 L^* 和 $B^{\min}$ 都会随着 λ 上升而上升，条件 $B^{\min}>L^*$ 不一定意味着 λ 低于获得自愿协议的特定水平。为进一步理解这一模型，现对当减排成本为二次，即 $C(B)=\frac{1}{2}\theta B^2$，$\theta>0$ 时的均衡性质进行分析。

命题2 当国会对游说反应强烈（λ 较低）以及当污染者和管制者有耐心（$\bar\delta$ 和 ε 较高）时，自愿协议的成果相较于法定额度更接近于最优化。

证明．见附录 A – a2

由于国会对游说较强的反应会对自愿协议的福利产生相互矛盾的两种影响，因此游说参数 λ 的影响并不是那么直观。一方面，它降低了法定额度 L^* 的严格性，进而提高了管制者在自愿协议中的利益；另一方面，由

于制裁规模 $\delta(C(L^*) + x(L^*))$ 直接依赖于额度的严格性，λ 又增加了自愿协议中不遵约的风险。命题 2 告诉我们前者的影响要明显大于后者。

由于较低的贴现率会通过提高污染者所承受的制裁规模 $\delta(C(L^*) + x(L^*))$ 的方式来减轻自愿协议的遵约问题，因而污染者越耐心，自愿协议改善的社会福利程度越高。有耐心的管制者偏好自愿协议的原因很简单，关键在于管制者重视不遵约。当污染者不遵约时，管制者的效用为 $\varepsilon W(L^*)$，与延迟实现的法定额度相一致。这一效益会明显随着 ε 上升而上升，使得运用自愿协议变得更有吸引力。

3.2.4 结果的稳健性

主要考虑三个问题：谈判力量对结果的影响；国会中没有环保游说团体以及污染者可以解决集体行动问题的假设。

3.2.4.1 谈判力量

在解释命题 1 时，我们假设管制者拥有全部的谈判力量。谈判能力的分配会如何影响结果？针对这一问题可以将自愿协议分为三类：公共机构发起的公共自愿项目，企业被邀请参与此类项目；污染者和公共机构之间的协议以及污染者单方面承诺。

给定管制者追求利润最大化，命题 3 非常符合直觉：

命题 3　与不可执行的自愿协议有关的社会福利会随着管制者谈判能力的增强而提高。

上文分析表明，当 $W^{VA}(B^{\max}) \geqslant \varepsilon W(L^*)$ 时，自愿协议是可行的。当管制者拥有全部的谈判能力时，有 $B^{VA} = \max\{B^{\min}, \hat{B}\}$ 以最大化预期的社会福利。下面对其相反情况 $B^{VA} = L^*$ 即污染者拥有全部的谈判能力时的情景进行分析。由式（3.18），最优的自愿协议仅仅是 $B^{VA} = 0$，但这并不满足管制者的参与约束 $W^{VA}(B^{VA}) \geqslant W(L^*)$。因此，这一条件在均衡中是具有约束力的，即 $W^{VA}(B^{VA}) = W(L^*)$。图 3 - 5 和图 3 - 6 进一步表明这一等式存在两个根：L^* 和减排水平 L'，其中 $W^{VA}(B^{VA}) = W(L')$ 且 $L' > \max\{B^{\min}, \hat{B}\}$。理想情况下，污染者会选择最大化其支付的减排水平，即当 $B^{VA} = L'$ 时在不遵约情况下选择 L'；遵约情况下选择 L^*。但是，污染者不能选

择 L'，因为这样做会向管制者表明其将不遵约。因此，均衡状态下 $B^{VA} = L^*$。在讨价还价能力的分配中，B^{VA} 介于 L^* 和 $\max\{B^{\min}, \hat{B}\}$ 之间，且管制者谈判能力越强，B^{VA} 越接近第二最优结果 $\max\{B^{\min}, \hat{B}\}$。

3.2.4.2 环保团体的游说和"搭便车"问题

本节将采用常见的机构框架，即立法者是两类主体的代理人——都会资助竞选的污染者和环保游说团体。为了易于处理，我们只考虑均衡中完全遵约的自愿协议（$p(B^{VA} = 1)$），且我们假设管制者拥有全部的谈判力量。则立法者的效用函数为：

$$V(L, x) = \lambda W(L) + (1 - \lambda)(x_P(L) + x_G(l)), \qquad (3.22)$$

其中 $x_P(L)$ 和 $x_G(L)$ 为各自对应的资助。

我们通过假设污染者的游说成本为 $x_P(L)/(1 - \rho)$ 来引入对"搭便车"问题的考虑，其中 $\rho(0 \leqslant \rho < 1)$ 代表当行业中的一些公司合作失败时，剩余资助者应当做出额外努力。需注意的是，ρ 与游说有效性呈负相关。在这一假设下，污染者现在的立法支付为：

$$-C(L) - \frac{x_P(L)}{1 - \rho}$$

对于环保游说团体，我们假设它只与立法的环境效益有关，所以在立法情况下它的效用为：

$$L - \frac{x_G(L)}{1 - \gamma}$$

其中 $0 \leqslant \gamma < 1$。需注意的是，当 $\gamma > \rho$ 时，环保团体在游说的有效性要低于污染者。

当游说团体选择他们的资助额度时，与之前所不同的是游说者将"放弃（walking away）"资助，不再意味着立法者将实施最优额度 B^*。相反，如果一个团体放弃游说，立法者将在给定其他团体的资助额度情况下实施最优的立法标准。

此外，我们假设资助安排是在全球范围内平衡的。这意味着每一个资助函数都会根据团体对于两种政策选择的不同评价对团体进行补偿。资助函数如下：

$$\frac{x_P(L)}{1-\rho} = C(L^{-P}) - C(L) \& \frac{x_G(L)}{1-\rho} = L - L^{-G} \quad (3.23)$$

其中 L^{-P} 和 L^{-G} 代表当污染者或者环保团体不参与情况下的各自的法定额度。这种假设在文献中很常见，因为确定资助的均衡状态是十分必要的。将式（3.23）带入立法者的目标函数（式3.22），消除常数项，得到如下最大化问题：

$$\max_L \lambda W(L) + (1-\lambda)[(1-\lambda)L - (1-p)C(L)]$$

我们推导一阶条件并解出 L，所以均衡的法定额度为

$$L^* = \frac{1}{\theta}\left(\frac{1-\gamma(1-\lambda)}{1-\rho(1-\lambda)}\right) \quad (3.24)$$

注意当游说团体具有同等的游说有效性（$\mu - \gamma$）时，额度（3.24）与最优额度（B^*）相一致。很明显地，

命题 4 当游说团体在游说活动中同等有效（$\rho = \gamma$）时，由于法定额度是社会最优的，均衡状态下自愿协议不能对立法介入占优。

这一命题反映了基于资助额度的游说博弈的一般特征。这一扭曲主要受政策影响的团体之间的政治上的不对称驱动，或是因为游说团体的游说有效性不同（$\rho \neq \gamma$），或是因为像之前所讨论的该团体未在游说博弈中表示出来。

相反，如果游说有效性是异质的，计算表明。

命题 5 当 $\rho \neq \gamma$ 时，若游说变量 λ 较低，污染者有耐心（$\bar{\delta}$ 较高），污染者的游说的有效性较低（可由较高的 ρ 反映）或者当环保团体的游说有效性较高（可由较小的 γ 所反映）时，自愿协议产生的社会福利要高于立法。

如果 λ 足够低，即 $\lambda < (1-\rho)\sqrt{\bar{\delta} - \sigma}/(1-\rho\sqrt{\bar{\delta} - \sigma})$，则自愿协议甚至会产生最优减排水平 B^*。

证明. 见附录 A - a3

命题 5 的第一部分与之前结果（λ 和 $\bar{\delta}$ 的影响）一致。游说有效性的变量 ρ 和 γ 的影响并不直观，且当 λ 足够低时，自愿减排可以是社会最优的结论也是一项新的引人注目的结果。为了理解这些结果潜在的直觉，回

忆前文中管制者实施严格的自愿协议的能力被遵约条件所束缚，即

$$C(B) < \delta\left(C(L^*) + \frac{x_P(L^*)}{1-\rho} \right) \qquad (3.25)$$

上式清楚地表明，ρ 越高，污染者遵从一个严格的自愿协议的空间越大。原因很简单，与前文的 $\rho = 0$ 的假设相比，新假设提高了污染者的游说成本 $x_P(L^*)/(1-\rho)$ 进而通过提高遵约激励的规模提高了自愿协议的范围。

把式（3.23）代入式（3.25），遵约条件变为：

$$C(B) < \delta C(L^{-P})$$

很明显，严格的自愿协议的空间随着 L^{-P} 的增加而增加。且当环保游说非常有效（γ 较小）时或者当管制者对游说反映强烈（λ 较低）时，L^{-P} 很高。如果 L^{-P} 足够高，我们能够完全观察到一个包含 B^* 的自愿协议。完全遵约时 $B^{VA} = B^*$，则当 $C(B) < \delta C(L^{-P})$ 时，上述情况会发生。

因此，这一扩展并不会改变一般信息，即自愿协议适用于国会对游说的响应较高的情况。但是，除此之外，它还表明环保游说团体竞争的引入或者污染者游说有效性的降低（$\rho \neq 0$）会通过提高污染者的游说成本以及遵约意愿来增加自愿协议的范围。

然而需注意的是，针对自愿协议可以是社会最优的这一特定结果，其稳健性是存在疑问的。事实上，式（3.25）的左端值直接取决于污染者的资助额度在全球范围内是平衡的这一假设。该假设是推导均衡资助额度的常用且必要的工具，由于它必然意味着立法者能够从两个团体中攫取全部的游说剩余，因而也清晰地确定了资助的一个较高水平。

在存在立法威胁以及两个主要假设下，本部分建立起一个不可执行的自愿协议模型。研究表明，在特定环境下，一份不可执行的自愿协议相较于法定额度是更为理想的工具，特别是当游说活动对国会施加较大影响时。而由于扭曲的立法过程会产生两种相反的结果，结果并不是非常直观：一方面，它显著地降低了法定配额的严格性；另一方面，宽松的法定额度提供更低的遵约激励，从而又降低了自愿协议的社会福利。分析表明，前者影响要大于后者。

这一发现与常见的政策建议，即自愿协议的签订应当在可信的立法或者管制威胁下开展相矛盾。当威胁可信且足够强大时，立法是更可取的。当污染者和管制者对未来的成本和效益的贴现较低时，自愿协议所产生的社会福利要高于法定额度。

简言之，不具有约束力的自愿协议是一种作用较弱的工具，在不利的政治环境中可能有用。在实践中，它们在气候变化政策中的应用更为广泛。在很大程度上，由于不同国家之间的政治环境不同，模型的主要参数（如 λ）不能以一致且可比的方式进行量化，使得研究结果是否表明自愿协议适合这些政策的回答是值得思索的。

尽管如此，模型准确地指出了支持气候变化自愿协议的两个论点。首先，自愿协议主要应用于能源密集型行业（如钢铁、玻璃、水泥、化学品等），这些行业的游说活动是非常有效的：当一公司数量少且规模大时"搭便车"问题发生可能性较小，且能源（以及减排）成本在生产成本中占据重要份额。此外，气候变化是一项长期的政策问题，立即的措施远不如中长期政策策略来的重要。因此，与其他政策领域相比，管制者的等待成本要低得多。自愿协议使用的一个关键风险是不遵约行为并延迟立法干预，而气候变化政策的长期性推动了协议的采用。

3.3　企业环境信息披露
——漂绿行为

上述经济性博弈分析从不同角度探讨了市场和利益相关者的压力对企业内部化社会和环境外部性的驱动影响。而事实上，企业在具体实践中往往以较为隐蔽的方式对承诺加以扭曲。其中，对外部利益相关者的信息流操纵是企业常采用的手法之一。本部分将运用信息披露博弈模型对参与自愿协议的企业的信息披露问题进行探究。而在信息披露方面，企业常采取漂绿（greenwash）行为，即选择性披露与环境或社会绩效有关的正面信息，而未充分披露其在这些方面的负面信息。

3.3.1 基本的披露博弈

本节建立起的模型关注单一公司,公司股份在市场上公开交易,且存在一家 NGO。该公司有 N 种不同的可能对环境产生潜在影响的活动,数量 N 可以从公司官网或者年报中获得。公司运营中的非环境层面可以认为已经体现在公司市值中。在一开始的模型中,公司的环境情况是不知道的。我们假设市场公平地判断公司价值。

模型存在三期。令 V_t 表示 t 时期公司的期望价值。在 0 时期,任何活动都产生不利影响的概率为普遍知识。每项活动成功的价值为 u(如一项提升公司公共形象的成果),其概率 $r \in (0, 1)$;失败的价值为 $d < u$,其概率为 $1 - r$。因此,公司所面临的对环境不利的预期数量为 $(1 - r)N$,在 0 时期的市场价值为

$$V_0 = N(ru + (1-r)d) + \tilde{V} \tag{3.26}$$

其中,$\tilde{V}$ 是除了公司的环境影响之外其所创造的总价值。本节剩余部分将其简化表示,把 $\tilde{V}$ 标准化为0。在第 2 期,所有与环境影响有关的信息披露都成为常识,并在股价中反映。在模型中,在作为过渡期的第 1 期,经理人将试图通过其所披露的信息来影响公司股价。

我们假设经理人在第 1 期真正了解活动的环境影响的概率为 $\theta \in (0, 1)$。因此,在过渡期,其掌握环境影响的信息的活动的期望数量为 θN,过渡期知道环境不利影响的活动的预期数量为 $\theta(1 - r)N$。经理人有能力向公众披露成功的活动的数量。我们假设所有的披露都是可由外部所证实的。因此,管理者可以自由地选择隐藏信息,但是不能对外部人说谎。假设管理者采取的信息披露策略最大化公司的价值。

令 n 为过渡期不利影响为已知的活动的实际数量,s 为成功的数量,f 为失败的数量,所以 $n = s + f$。令经理人对成功和失败的披露数量为 $\hat{s}$ 和 $\hat{f}$。假设 $V_1 = E(V_2)$,如果市场知道 s 和 f,正如经理人在第 1 期完全披露信息,则

$$V_1 = E(V_2) = us + df + (N - s - f)(ru + (1-r)d), \tag{3.27}$$

其中，u 为环境成功对公司的影响，d 为环境失败对公司的影响。

如果经理人披露 $\hat{s} > 0$，且披露的总数量 $\hat{s} + \hat{f}$ 少于 N，NGO 可能会对经理人的报告是否为漂绿的情况（如经理人没有披露一项对环境不利的后果等）进行调查。令 α 代表 NGO 在过渡期获得关于 s 和 f 真实值的信息且成功地对公司实施成本为 P 的处罚的概率；令 $1 - \alpha$ 代表 NGO 一无所知且不对公司采取任何行动的概率。处罚的形式可以为 NGO 的行动触发消费者对该公司的抵制情绪，或者 NGO 发起一场损害公司价值的广告运动，又或是其他对公司产生成本的方式。令 $\eta = \alpha P / (u - d)$ 表示漂绿的成本/效益比，其中 αP 为漂绿的预期处罚额度，$u - d$ 表示公司能够从成功的漂绿行动中所获得的最大价值。

完美贝叶斯均衡可以确定经理人的信息披露策略、市场估值以及每一时刻 t，NGO 和市场信心使得（a）给定市场的定价政策以及市场和 NGO 的信息，在公司实际的环境情况为 (s, f) 时，公司的最优响应为披露策略 $(\hat{s}, \hat{f})$；（b）给定第 1 期的市场信心和经理人的披露策略，$V_1 = E(V_2)$；（c）在第 0 期市场相信环境失败的预期数量为 rN，在第 1 期任何环境报告的条件下都可以运用贝叶斯规则计算得出环境失败的预期数量。

如果市场相信经理人可以真实地披露所有的成功和失败，则经理人将有激励报告 $f = 0$，则一项社会影响未知的活动的预期价值将大于失败的价值，即 $ru + (1 - r)d > d$。因此，经理人总是偏好最小化其所报告的失败数量，只报告成功；完全的信息披露不是一个均衡策略。

如果经理人遵从部分信息披露的均衡策略，并为市场所了解，则在过渡期公司的预期价值为：

$$V_{PD} = us + (N - s)(qu + (1 - q)d), \qquad (3.28)$$

其中

$$q = \frac{r - \theta r}{1 - \theta r} \qquad (3.29)$$

为在经理人没有披露与活动有关信息的条件下，一项活动成功的概率。需注意的是，除了在等式（3.27）中的 r（活动成功的事前概率）被 q（不披露信息的活动成功的条件概率）所代替，等式（3.28）与等式

（3.27）拥有相同的结构。部分信息披露的均衡可以由市场的一系列非均衡信念所支持，即如果经理人曾经报告过 $f > 0$，则所有未披露的结果均为失败。

3.3.2　NGO 审计下披露博弈的纯策略均衡

本小节将评估 NGO 的审计活动如何影响经理人进行环境信息披露的激励。我们将充分描述模型中出现的纯策略完美贝叶斯均衡的特征，并表明其如何与模型的基本参数相联系。这一分析将为后文更加详细的均衡分析以及如何其随着漂绿的期望罚金而变化做准备。

正如上节分析，对于部分信息披露的惩罚区别于对公司产生不好的社会影响进行简单惩罚，前者还包括对意识到失败但是未对其进行披露的公司进行的惩罚。在第 2 期，所有的 NGO 知道失败的最终数量，而非在过渡期所知道的数量。因此，只是通过观察第 2 期的结果而对部分信息披露行为进行惩罚是不可能的。相反，在第 1 期具有某种独立的审计结构是至关重要的。下面将对这一问题进行分析。

3.3.2.1　NGO 审计下的信息披露博弈

为使专注于对问题的分析且使分析易于处理，假设一个 $N = 2$ 的模型，这是存在部分信息披露均衡结果的最简单的一种情况。令 $V_1(\hat{s}, \hat{f})$ 表示当经理人披露 $(\hat{s}, \hat{f})$ 时，第 1 期公司的市场估值。当 $\hat{n} = \hat{s} + \hat{f} = 2$ 时，由于信息披露是可证实的，因而市场可以推断公司的真实价值。其中，$V_1(0, 2) = 2d$，$V_1(2, 0) = 2u$ 且 $V_1(1, 1) = u + d$。而当 $\hat{n} = \hat{s} + \hat{f} < 2$ 时，需要对市场的推断问题进行仔细分析①。

下面将重点关注（1，1）时的实际情况——由于 $N = 2$，也是当部分信息披露发生时唯一的可能情形。特别的，部分信息披露包括当实际情形为（1，1）时报告（1，0），即我们所称的漂绿行为。由于只有当公司的实际情形为（1，1）而经理人报告为（1，0）时，公司才会受到惩罚。

---

① 值得注意的是，如果公司不会面临处罚，它总会实施部分信息披露策略以提高公司价值。

因此，我们将关注当 $(s, f) = (1, 1)$ 时，经理人报告的内容，主要有以下四种情况：$(\hat{s}, \hat{f}) \in \{(0, 0), (1, 0), (0, 1), (1, 1)\}$，而经理人绝不会报告 $(\hat{s}, \hat{f}) = (0, 1)$ 的情况。

为了理解经理人的汇报激励，我们必须知道市场是如何理解三种可能的报告内容。反过来考虑，实际情形为 $(1, 1)$ 的概率可以通过贝叶斯规则进行计算，表 3-1 展示了过渡期每种情形的先验概率以及市场估值。很容易发现，报告 $(1, 0)$ 时的公司价值要高于报告 $(1, 1)$ 时的值。

表 3-1　　　　　　　　　　过渡期类型、概率和价值

类型	概率	$V_1(s, f)$
$(2, 0)$	$r^2 \theta^2$	$2u$
$(1, 0)$	$2r\theta(1 - \theta)$	$u + (ru + (1 - r)d)$
$(1, 1)$	$2r(1 - \theta)\theta^2$	$u + d$
$(0, 0)$	$(1 - \theta)^2$	$2(ru + (1 - r)d)$
$(0, 1)$	$2(1 - r)\theta(1 - \theta)$	$d + (ru + (1 - r)d)$
$(0, 2)$	$(1 - r)^2\theta^2$	$2d$

我们将用 $\mu(\hat{s}, \hat{f}; s, f)$ 来表示当实际情形为 (s, f)，经理人报告为 $(\hat{s}, \hat{f})$ 时的市场信心。由于 $(s, f) \in \{(0, 0), (0, 1), (0, 2), (1, 0), (2, 0), (1, 1)\}$，$\mu(\hat{s}, \hat{f}; s, f)$ 可以有一系列取值。将特定的纯策略均衡下的市场信心用 μ_i 表示，其中 $i \in \{F, N, P\}$ 来分别定义全部信息披露，未披露以及部分信息披露情况下的均衡。我们将用符号表示为 $E[\hat{s}, \hat{f}|s, f, \mu]$ 的特定信息披露策略来表示公司的期望价值，其中 μ 表示市场和 NGO 对公司行为的信心。

我们定义 $\Psi(\hat{s}, \hat{f})$ 为市场对观察到 $(\hat{s}, \hat{f})$ 所赋予的概率，即当公司报告 $(\hat{s}, \hat{f})$ 时由每个过渡状态市场信息与对应概率的乘积的概率之和。如：

$$\Psi(0, 0) = (1-\theta)^2\mu(0, 0|0, 0) + 2(1-r)\theta(1-\theta)\mu(0, 0|0, 1)$$
$$+ (1-r)^2\theta^2\mu(0, 0|0, 2) + 2r(1-r)\theta^2\mu(0, 0|1, 1).$$

当公司报告为（1，1）时，市场确切地知道其所处的状态，公司的市场价值：

$$E[1, 1|1, 1, \mu] = u + d \qquad (3.30)$$

如果公司处于状态（1，1）但是报告为（1，0），则市场相信其状态可能为（1，0），且公司真实的披露信息；可能为（2，0）且公司没有报告成功；或者为（1，1）即公司有漂绿行为。因此，式为 $\Psi(1, 0) = 2r\theta(1-\theta)\mu(1, 0|1, 0) + r^2\theta^2\mu(1, 0|2, 0) + 2r(1-r)\theta^2\mu(1, 0|1, 1)$。如果 NGO 进行审计，并发现公司所处状态确实是（1，1），但是公司有漂绿行为，则 NGO 将对公司采取惩罚 P。报告（1，0）的公司的预期价值为：

$$E[1, 0|1, 1, \mu] = [\mu + (ru + (1-r)d)]\frac{2r\theta(1-\theta)\mu(1, 0|1, 0)}{\Psi(1, 0)}$$
$$+ 2u\frac{r^2\theta^2\mu(1, 0|2, 0)}{\Psi(1, 0)}$$
$$+ [u + d]\frac{2r(1-r)\theta^2\mu(1, 0|1, 1)}{\Psi(1, 0)} - \alpha P \qquad (3.31)$$

如果公司状态为（1，1）但报告为（0，0），则市场认为其真实状态可能为（0，0），（0，1），（0，2）或者（1，1）[①]。注意在这种情况下，由于报告（0，0）没有宣称任何积极成果，因此不存在漂绿行为，也不会对其进行惩罚。公司的期望价值为：

$$E[0, 0|1, 1, \mu] = [ru + (1-r)d]\frac{(1-\theta)^2 2\mu(0, 0|0, 0)}{\Psi(0, 0)}$$
$$+ [d + (ru + (1-r)d)]\frac{2(1-r)\theta(1-\theta)\mu(0, 0|0, 1)}{\Psi(0, 0)}$$
$$+ 2d\frac{(1-r)^2\theta^2\mu(0, 0|0, 2)}{\Psi(0, 0)}$$
$$+ [u + d]\frac{2r(1-r)\theta^2\mu(0, 0|1, 1)}{\Psi(0, 0)} \qquad (3.32)$$

---

① 处于（1，0）或者（2，0）的公司没有激励报告（0，0）。

表达式（3.31）和式（3.32）看上去很复杂，但实际上在均衡状态下非常简单。例如，经理人绝不会有激励去隐藏成功，所以处于（2，0）状态的公司绝不会报告（1，0），因此 $\mu(1,0|2,0)=0$。由于 NGO 只会对其视为漂绿行为加以处罚，因此当报告为（0，0）时不会有惩罚；所以当公司处于（0，1）或者（0，2）状态时，总会有激励报告（0，0），则有 μ（0，0|0，0）$=\mu$（0，0|0，1）$=\mu$（0，0|0，2）$=1$。此外，当我们解决真实的信息披露均衡时，经理人必须真实地报告公司所处状态。当状态为（1，1）时，则有 $\mu(1,1;1,1)=1$ 和 $\mu(0,0;1,1)=0$，由于经理人不会错误地报告，则有 $\mu(1,0;1,1)=0$。用以上对 μ 的讨论值替换等式中的参数可以大大简化等式（3.31）和式（3.32）。

当公司所处状态为（1，1）时，有三种类型的纯策略均衡：（1）公司完全披露状态；（2）公司进行部分信息披露或者；（3）公司完全不进行信息披露。下面将分别检验这三种均衡。

3.3.2.2　完全信息披露均衡

状态为（1，1）的公司进行完全信息披露所必须的激励兼容性约束为 $E[1,1|1,1,\mu_F]>E[0,0|1,1,\mu_F]$ 以及 $E[1,1|1,1,\mu_F]>E[1,0|1,1,\mu_F]$。此外，如果市场参与者相信完全信息披露均衡，他们的信念一定可以反映这一均衡的性质，即他们相信状态为（1，1）的公司以一定概率进行完全信息披露而非部分披露或者不披露，可以表示为 $\mu(0,0|1,1)=\mu(1,0|1,1)=0$ 以及 $\mu(1,1|1,1)=1$。

上文中由等式（3.30）可知：

$$E[1,1|1,1,\mu_F]=u+d$$

理解不进行信息披露的支付是更为复杂的。根据定义，在完全信息披露均衡中，市场相信处于（1，1）状态的公司会进行完全披露。因此，当市场观察到未进行披露现象，则认为其所处状态为（0，0），（0，1）或者（0，2），此时市场对公司市场价值的预期将会以每种状态发生的概率反映在这三种状态下的支付。代数式如下：

$$E[0,0|1,1,\mu_F]=\frac{2(d(1-r)+ru(1-\theta))}{(1-r\theta)}.$$

部分信息披露的期望价值为：

$$E[1, 0 | 1, 1, \mu_F] = u + (ru + (1 - r)d) - \alpha P.$$

对于期望价值的直觉是简单的：市场参与者相信公司进行完全的信息披露，所以只有当公司所处状态为（1，0）时其报告为（1，0）。当期望的惩罚为 $\alpha P = 0$ 时，公司总会偏好披露（1，0）而非（1，1），从而创造一种比实际更加"绿色"的公司形象。而阻止（1，1）公司进行此种披露的唯一原因就是对于漂绿行为的惩罚威胁。

条件 $E[1, 1 | 1, 1, \mu_F] > E[0, 0 | 1, 1, \mu_F]$ 等价于：

$$u + d > \frac{2(d(1 - r) + ru(1 - \theta))}{(1 - r\theta)}$$

化简为：

$$r < r_{FN} \equiv \frac{1}{2 - \theta} \tag{3.33}$$

其中，r_{FN} 为公司对完全信息披露和不披露两种策略的比较值。一般情况下，我们用 r_{ij} 来表示公司对于策略 i 和策略 j，$i, j \in \{F, N, P\}$ 无差别时的 r 的值，市场信念为公司正在执行策略 i。当对漂绿行为的惩罚很重以至于消除部分信息披露的可能性时，表达式 r_{FN} 决定了公司的披露策略，因此在模型中 r_{FN} 是公司行为的重要决定因素。在这种情况下，处于（1，1）的公司一定会在完全披露和不披露两种策略中进行选择。

条件 $E[1, 1 | 1, 1, \mu_F] > E[1, 0 | 1, 1, \mu_F]$ 可以化简为：

$$r < r_{FP} = \frac{\alpha P}{u - d} \tag{3.34}$$

命题 1 对上述所讨论的完全披露均衡的存在条件进行了总结：

命题 1　对于所有的 $r \leqslant \min\{r_{FP}, r_{FN}\}$，存在完全信息披露均衡。

完全披露的基本直觉为当成功概率很低时，未进行披露的活动一定会被市场认为是失败的，因此公司几乎不具有隐藏失败的优势。

3.3.2.3　未披露均衡

不进行信息披露的均衡的激励相容要求为 $E[0, 0 | 1, 1, \mu_N] > E[1, 1 | 1, 1, \mu_N]$ 以及 $E[0, 0 | 1, 1, \mu_N] > E[1, 0 | 1, 1, \mu_N]$，其信念为 $\mu(1, 1 | 1, 1) = \mu(1, 0 | 1, 1) = 0$ 且 $\mu(0, 0 | 1, 1) = 1$。

由于披露是可以完全进行证实的，因此完全信息披露的支付不依赖于信念，因此与上文相同，完全信息披露的支付为：

$$E[1, 1|1, 1, \mu_N] = u + d$$

部分信息披露的支付也不会发生改变。与均衡相关的信念为处于 (1, 1) 状态的公司会选择不披露任何信息。如果市场观察到公司披露 (1, 0)，则会相信公司所处状态为 (1, 0)。因此，处于 (1, 1) 状态并且存在漂绿行为的公司的支付为：

$$E[1, 0|1, 1, \mu_N] = u + (ru + (1-r)d) - \alpha P.$$

未披露均衡的支付不同于其在完全信息披露均衡下的支付。特别的，市场现在相信选择不披露的公司可能有以下四种状态：(0, 0)，(0, 1)，(0, 2) 以及 (1, 1)。公司选择不披露的总概率为：

$$\Psi(0, 0) = 1 - \theta r(2 - (2 - r)\theta)$$

对于不披露的公司，市场对其期望价值为：

$$E[0, 0|1, 1, \mu_N] = \frac{(1-\theta)^2 2(ru + (1-r)d) + 2(1-r)\theta(1-\theta)(d + (ru + (1-r)d))}{1 - \theta r(2 - (2-r)\theta)}$$

$$+ \frac{(1-r)^2 \theta^2 2d + 2r(1-r)\theta^2(u+d)}{1 - \theta r(2 - (2-r)\theta)} \quad (3.35)$$

未披露均衡要求 $E[0, 0|1, 1, \mu_N] > E[1, 1|1, 1, \mu_N]$ 且 $E[0, 0|1, 1, \mu_N] > E[1, 0|1, 1, \mu_N]$。第一个不等式可简化为：

$$r > r_{NF} \equiv r_{FN} \equiv \frac{1}{2 - \theta} \quad (3.36)$$

第二个要求 $E[0, 0|1, 1, \mu_N] > E[1, 0|1, 1, \mu_N]$ 等价于：

$$\frac{(1-r)(r^2\theta^2 + 1)}{(1 - \theta r(2 - (2-r)\theta))} < \frac{\alpha P}{(u-d)} \quad (3.37)$$

令 r_{NP} 表示满足上述条件的 r 的值，则有：

$$(1 - r_{NP})(r_{NP}^2\theta^2 + 1)/(1 - \theta r_{NP}(2 - (2 - r_{NP})\theta)) = \alpha P/(u-d)$$

命题 2 对上述所讨论的未披露均衡的存在条件进行了总结：

命题 2　对于所有的 $r > \max\{r_{NF}, r_{NP}\}$，存在未披露均衡。

依直觉地，当成功的概率很高时，由于公司可以通过隐藏失败而获利，因此会存在未披露均衡。即当 r 的值较高时，公司更可能对其环境绩效保持沉默。

3.3.2.4 部分信息披露均衡

此类均衡的激励相容要求为 $E[1, 0|1, 1, \mu_P] > E[1, 1|1, 1, \mu_P]$ 以及 $E[1, 0|1, 1, \mu_P] > E[0, 0|1, 1, \mu_P]$，其信念为 $\mu(1, 1|1, 1) = \mu(0, 0|1, 1) = 0$ 且 $\mu(1, 0|1, 1) = 1$。

由于对漂绿行为的惩罚对部分披露均衡是非常重要的，下面将引入 $\eta = \alpha P/(u - d)$ 作为漂绿的成本效益比，其中 αP 为漂绿行为的期望惩罚，$u - d$ 表示公司能够从成功的漂绿行为中所获得的最大值。当期望惩罚为 0 时，则 $\eta = 0$，公司会采取漂绿行为；当期望惩罚升至 $u - d$，则 $\eta = 1$，潜在惩罚超过了漂绿行为任何的潜在好处，公司将不会漂绿。

如前所述，完全信息披露的支付不依赖于信念，因此其支付为：

$$E[1, 1|1, 1, \mu_P] = u + d$$

在部分信息披露均衡中，市场相信处于 $(1, 1)$ 状态的公司会披露 $(1, 0)$，因此部分披露的支付不同于以上两种均衡。当公司披露 $(1, 0)$ 时会存在两种情形——公司所处状态为 $(1, 0)$ 和 $(1, 1)$。因此，公司披露 $(1, 0)$ 的总概率为：

$$\Psi(1, 0) = 2r\theta(1 - \theta)\mu(1, 0|1, 0) + 2r(1 - r)\theta^2\mu(1, 0|1, 1) = 2r(1 - r\theta).$$

根据这一信息，我们可以计算出部分披露的期望支付：

$$E[1, 0|1, 1, \mu_P] = \frac{u(1 + r(1 - 2\theta)) + d(1 - r)}{1 - r\theta} - \alpha P$$

由于市场相信公司在三种状态下选择不披露：$(0, 0)$、$(0, 1)$ 以及 $(0, 2)$，非披露支付与完全披露均衡下的可能状态相同。因此，均衡状态下未披露的总概率为：

$$\Psi(0, 0) = (1 - \theta)^2\mu(0, 0|0, 0) + 2(1 - r)\theta(1 - \theta)\mu(0, 0|0, 1)$$
$$+ (1 - r)^2\theta^2\mu(0, 0|0, 2) = (1 - r\theta)^2$$

不披露的期望支付为：

$$E[0, 0|1, 1, \mu_P] = \frac{2(d(1 - r) + ru(1 - \theta))}{(1 - r\theta)}$$

代数计算表明 $E[1, 0|1, 1, \mu_P] > E[0, 0|1, 1, \mu_P]$，如果：

$$r < r_{PN} \equiv \frac{1 - \eta}{1 - \theta\eta} \tag{3.38}$$

其中，r_{PN}表示部分信息披露和未信息披露之间的界限。

同样的，$E[1, 0|1, 1, \mu_P] > E[1, 1|1, 1, \mu_P]$ 可化简至：

$$r > r_{PF} \equiv \frac{\eta}{\theta\eta + (1 - \theta)} \tag{3.39}$$

其中，r_{PF}表示部分信息披露和未信息披露之间的界限。对于$r \in \{r_{PF}, r_{PN}\}$，存在部分信息披露均衡。由式（3.38）和式（3.39），当η趋于 0 时，r_{PF}趋于 0，r_{PN}趋于 1。因此，随着期望惩罚变得微不足道，部分信息披露对于r和θ的所有取值为唯一纯策略均衡。如果$r_{PF} > r_{PN}$，则在纯策略中不存在部分信息披露均衡。下面的命题将描述部分信息披露均衡存在的条件特征。

命题 3　如果$\eta = 0$，部分信息披露对于r和θ的所有取值为唯一纯策略均衡；如果$\eta \in (0, 1/2)$，则对于$r \in \{r_{PF}, r_{PN}\}$存在一个部分信息披露均衡。r_{PF}与r_{PN}之差随着θ上升而递减。

证明．如上所述，部分信息披露均衡的激励相容条件表明对于$r \in \{r_{PF}, r_{PN}\}$存在一个部分信息披露均衡。如果$\alpha P = 0$，则$r_{PF} = 0$且$r_{PN} = 1$，所以对于所有的r和θ，部分披露是唯一的均衡策略；如果$\eta = 1/2$，则$r_{PF} = r_{PN}$且不存在部分信息披露；如果$\eta \in (0, 1/2)$，则部分信息披露均衡存在。最后，令$R_P = r_{PN} - r_{PF}$，计算式如下：

$$R_P = \frac{(1 - \theta)(u - d - 2P\alpha)(u - d)}{((u - d)(1 - \theta) + P\theta\alpha)(u - d - P\theta\alpha)}$$

θ对R_P求导，得：

$$\frac{\mathrm{d}R_P}{\mathrm{d}\theta} = \frac{-\alpha\theta(u - d)P(u - d - 2P\alpha)(u - d - P\alpha)(2 - \theta)}{(u - d - P\theta\alpha)^2((u - d)(\theta - 1) - P\theta\alpha)^2}$$

其中，分母为正。假设$\eta < 1/2$，即部分披露均衡存在的条件成立，则定有$(u - d - 2P\alpha) > 0$和$(u - d - P\alpha) > 0$，所以$\mathrm{d}R_P/\mathrm{d}\theta < 0$。

依直觉的，只有当期望的惩罚不过高时才会存在部分信息披露均衡。正如下文所要描述的，如果惩罚足够高，其将阻止任何类型的公司进行部分信息披露。此外，值得注意的是，更可能进行部分披露的公司类型不是r值过高或过低的公司，而是那些取得积极成果的可能性处于中间水平的公司。很明显，当r值过低时，公司会选择全部披露：他们可以从宣扬成功获利，从隐藏失败消息中失去较少（因为他们已经被预期失败）；因此，冒着引起公众强烈反对的风险而拒绝信息披露的行为是没有价值的。另一个极端，r 值较高的公司不会进行任何披露：他们几乎不能通过披露成功信息而获利（因为他们已经被预期成功），但会通过披露失败而损失严重；因此，冒着引起公众强烈反对的风险而披露失败信息是没有价值的。对于 r 值适度的公司而言，更偏向于部分信息披露：披露成功信息可以提升公众认知，隐藏失败信息可以防止消极的公众认知；因此，他们更愿意冒着公众反对的风险只披露部分信息。

命题 3 表明构成部分信息披露均衡的 r 值随着 θ 上升而下降。主要原因是 θ 较低公司的经理人不太可能了解其活动的绩效，因此如果公司没有报告两种结果，市场不会产生十分消极的推论。然而，对于 θ 较高公司而言，当市场面对保持沉默的经理人时，会非常看重项目失败的可能性。还需注意的是，随着 θ 上升，纯策略漂绿区域会向着更高的 r 值上升。随着 θ 上升，市场更加确信未披露的结果为失败。只有当公司的 r 值非常高时，市场才会以较高概率认为未披露的结果为成功。

3.3.3 披露博弈均衡的完整描述

上一节的分析确立了不同类型的纯策略信息披露均衡的存在条件。这些均衡依赖于披露博弈中参与者不同信念以及参数 r，θ 和 η。下面将把披露博弈中的均衡视为漂绿行为的成本效益的函数对其进行详细分析。表达式 $r_{FN}=1/(2-\theta)$ 在命题 4 的（c）和（d）部分发挥了重要作用；如果漂绿行为是代价非常大的，则对于 $r>r_{FN}$，公司偏好不披露信息；对于 $r<r_{FN}$，公司偏好进行全部披露。

命题 4 （a）如果 $\eta=0$，部分信息披露对所有 (r,θ) 都是唯一的纯策略均衡；（b）如果 $\eta\in(0,1/2)$，则对于所任何 $\theta\in(0,1)$，都存在一系列非负值 $r_{FP}<r_{PF}<r_{PN}<r_{NP}<1$ 使得对于 $r\in(0,r_{FP})$，全部信息披露为唯一均衡；对于 $r\in[r_{FP},r_{PF})$，其均衡为全部信息披露和部分披露的混合策略；对于 $r\in[r_{PF},r_{PN})$，部分信息披露为唯一均衡；对于 $r\in[r_{PN},r_{NP})$，其均衡为部分信息披露和不披露的混合策略；对于 $r\in[r_{NP},1)$，不披露为唯一均衡；（c）如果 $\eta\in(1/2,1)$，则对于 $r<\min(r_{FN},r_{FP})$，

全部信息披露为唯一均衡，对于 $r \subset (\min\{r_{FN}, r_{FP}\}, r_{FN})$，均衡为全部信息披露和部分披露的混合策略；对于 $r \in [r_{FN}, \max(r_{FN}, r_{NP}))$，均衡为部分信息披露和不披露的混合策略；对于 $r \in [\max(r_{NP}, r_{FN}), 1)$，不披露是唯一均衡；（d）如果 $\eta \geqslant 1$，当 $r < r_{FN}$ 时，全部信息披露是唯一的纯策略均衡；当 $r > r_{FN}$ 时，不披露是唯一的纯策略均衡。

当 $\eta = 0$ 时，正如命题 3 所示，部分信息披露是处于（1，1）状态的公司的唯一均衡策略。披露（1，0）会对公司产生积极的外部效益，并且无需接受任何惩罚。因此，部分信息披露要由于全部信息披露和不披露。

当 $\eta \in (0, 1/2)$ 时，三种类型的纯策略均衡至少存在于 (r, θ) 的某些取值中。然而，纯策略均衡并不存在于所有的 (r, θ) 数对中，如图 3-7 所示。纯策略均衡存在三个区域：上方实曲线以上的未披露区域，点曲线之间的部分披露区域以及下方实线之间的全部信息披露区域（当 η 逐渐接近 1/2 时，两条点曲线向它们之间的虚曲线收敛，并在 η 取 1/2 时漂绿作为纯策略均衡而被消除）。此外，图中有两个区域表示非纯策略均衡：上方实曲线和上方点曲线之间区域 Mix_{NP}，即公司采用不披露和部分信息披露的混合策略；下方点曲线和下方实线之间区域 Mix_{FP}，即公司采用完全信息披露和部分信息披露的混合策略。

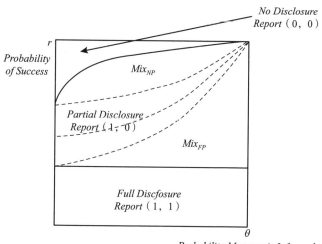

图 3-7　漂绿惩罚较低（$\eta < 0.5$）时的披露均衡

当 $\eta = 1/2$ 时，部分信息披露作为纯策略均衡被消除，另外两种类型的纯策略均衡继续存在，但是仍有不存在纯策略均衡的区域，如图 3-8 所示。同样的，未披露区域在上方实曲线以上的部分，完全信息披露区域在下方实曲线以下的部分。由于惩罚足够大以消除其作为均衡的情况，因此不存在纯策略均衡的区域。从图形角度来看，图 3-7 中作为部分披露区域边界的两条点曲线在图 3-8 的中间部位合并为一条虚曲线。再一次地，存在两个表示非纯策略均衡的区域：区域 Mix_{NP}，即公司采用不披露和部分信息披露的混合策略；区域 Mix_{FP}，即公司采用完全信息披露和部分披露的混合策略。因此，对于任何 (r, θ) 组合，即使部分信息披露不是纯策略均衡，也仍然是上述区域的表示混合策略中的一部分。需注意的是，当 $\eta = 1/2$ 时，对于分别定义全部信息披露、不披露和混合区域的三条曲线，其左截距均为 $r = 1/2$。

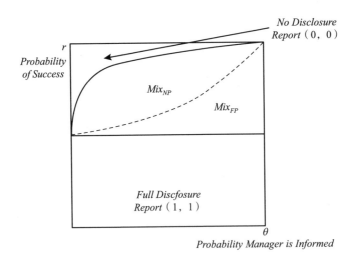

图 3-8　漂绿惩罚适度 ($\eta = 0.5$) 时的披露均衡

当 $\eta \in (1/2, 1)$ 时，混合策略的区域随着 η 上升而缩小，由图 3-9 和图 3-8 对比可知。对于 $\eta > 1/2$，当 $r_{FN} = r_{NP} = r_{FP} = \eta$ 时，有重要值 $\theta^* = 2 - 1/\eta$。当 $\theta < \theta^*$ 时，若 $r < r_{FN}$，则全部信息披露为唯一均衡；若 $r > r_{FN}$，则不披露是唯一均衡。当 $\theta > \theta^*$ 时，我们知道 $r_{FP} < r_{FN}$，则若 $r < r_{FP}$，

全部信息披露是唯一均衡；若 $r \subset (r_{FP}, r_{FN})$，则均衡为全部与部分信息披露的混合策略；最后，若 $r > r_{NP}$，则不披露是唯一均衡。在极限情况下，当 η 趋近于 1 时，θ^* 也趋近于 1；则对于所有的 $r > r_{FN}$ 不披露都是唯一的纯策略均衡，对于 $r < r_{FN}$，全部信息披露是唯一的纯策略均衡。

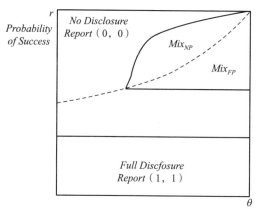

图 3–9　漂绿惩罚较高（$0.5 < \eta < 1$）时的披露均衡

　　漂绿区域随着期望惩罚增加而缩小是符合直觉的。公司能够从漂绿行为中获取的最大效益为 $u - d$。这会发生在当公司有非常高的 r 值的情况下，即市场对未披露结果的期望值为 u；而如果公司对失败的结果进行披露，其期望值为 d。如果惩罚足够大以至于超过部分信息披露的最大可能效益，这将会阻止公司运用该策略。因此，如果 $\alpha P \geq (u - d)$，处于 (1, 1) 状态的公司仅会选择在全部信息披露和不披露之间进行选择。如上节所示，这一决策就在于是否有 $r < 1/(2 - \theta)$，如果不等式存在，则均衡为全部信息披露；如果不存在则均衡为不披露。

3.3.4　公司策略的影响

　　模型中对公司进行描述的两个非常重要的参数分别为 r 和 θ，其中 r 代表给定的活动产生积极环境影响的概率，θ 表示经理人在进行报告时非常了解活动影响的概率。

命题4表明当NGO对漂绿行为的惩罚很低时，漂绿行为是公司可选择的一种交际策略。实证研究也表明公司选择进行环境信息披露是一种常见做法。

更一般的，图3-7到图3-9描述了所有可能的均衡以及它们如何依两个参数而变化。下面将分别对r和θ的变化以及它们如何与披露行为相关联进行讨论。

3.3.4.1 不断变化地对环境绩效的认知

环境绩效是模型中公司之间相互区别的重要方面，用变量r来表示。分析表明r的变化可能改变公司的披露行为。例如，如果具有良好环境绩效可能性较高的公司面临r的下降，则公司可能由不披露政策转向部分披露。命题4表明r的下降将会导致披露的增加。宽泛地讲，当r的降幅足够大时，可以使不进行信息披露的公司转向漂绿行为，使得漂绿公司转向完的信息披露。r的适度下降可能不会引起公司策略的变化，但是只要当r下降，都会使得公司从一个区域向图3-7到图3-9三个图中的另一个区域移动，这与向更多信息披露的移动是相一致的。以图3-7为例，随着r的下降，公司由不披露区域移动到不披露和部分披露的混合策略区域，随着r的进一步下降，使得公司转为包括漂绿行为的纯策略均衡，进而转为漂绿和完全披露的混合策略，最后到达完全信息披露的区域。命题4的推论如下：

推论5 环境成功的概率r的下降会（较弱地）导致披露的增加。

3.3.4.2 环境管理系统和NGO审计

NGO审计的威胁不会使得所有公司都提高它们的信息披露程度。特别的，NGO审计可能会导致清洁行业信息获取较少的公司降低披露程度，此时r很大且/或θ很小；另一方面，NGO审计可能会导致处于污染行业且信息获取能力较强的公司提高信息披露程度，此时r很小且/或θ很大。以上可以通过思考期望惩罚的提高如何影响均衡来加以理解。当$\eta = 0$时，所有的公司都会采取漂绿行为。然而，当$\eta \geq 1$时，公司不会再进行漂绿。此时，公司可以将其自身分为两类。一类位于图3-9中虚线以下；另一类则位于图3-9中虚线以上选择完全不进行披露。因此，NGO审计威胁的提高会导致公司行为在虚线以上和以下正好相反的变化。

值得注意的是，随着 θ 上升，越来越多的公司会降至图 3 - 9 中虚线以下。这意味着 NGO 审计更可能提高 θ 值较高的公司披露程度。在模型中，θ 衡量了公司在第 1 期了解其环境影响的可能性。实际上，θ 的提高与公司采用 EMS 有关，如 ISO 14001。EMS 是一系列使得组织可以将环境问题加入每日的决策中的管理流程和手段。当然，EMS 的必要组成是一个衡量公司环境影响的值得信赖的系统。因此，NGO 审计是否能提高信息披露程度取决于被审计公司是否存在 EMS。但在本书模型中，由于过渡期公司采用 EMS 会降低其市场价值，因此公司没有激励采用 EMS，如下面命题 6 所示：

命题 6   在过渡期，部分披露均衡中公司的价值随着 θ 上升而下降。在完全披露和不披露均衡中公司的价值不受 θ 的影响。

证明. 在等式（3.28）中有求导式 $dV_{PD}/d\theta = (u - d)(N - s)(dq/d\theta)$，除了 $dq/d\theta$ 可能为负外，其余项符号均为正。由于 $q = (r - \theta r)/(1 - \theta r)$，且对其求导有等式 $dq/d\theta = -r(1 - r)/(1 - \theta r)^2 < 0$，因此 $dV_{PD}/d\theta < 0$。很明显 $V_{FD} = u + d$ 且 $V_{ND} = N(ru + (1 - r)d)$，均非 θ 的函数。

命题的直觉如下。在部分信息披露的均衡中，经理人隐藏不利的信息以提高公司的市场价值。对于每一条隐藏的信息，市场对公司的估值都仅反映了失败的可能性，而非确定性，因而这一策略是有效的。然而，随着经理人知道公司活动的环境影响的可能性上升，市场会越来越多地将公司的不披露行为视为对负面信息的隐藏而非经理人对真实的不确定性。采用 EMS 提升了经理人的内部信息获取能力，因而当经理人没有充分披露所有可能的环境信息时，市场对公司的怀疑程度会提高。

当然，模型没有从改善内部控制和遵从环境规则的能力方面考虑 EMS 所带来的效益。尽管如此，分析表明现实中存在阻止公司采用 EMS 的抵消激励。此外，德尔马斯（Delmas，2000）的实证研究发现许多美国公司选择不采用 ISO 14001 是因为它们希望限制公众获取公司环境绩效内部信息的渠道。

我们的研究结果表明，可能需要来自公共政策的压力以使得各行业公司采用 EMS。有趣的是，科联尼斯和纳什（Coglianese&Nash，2001）发现美国有大量项目为公司采用 EMS 提供财政和管制激励。这些项目在联邦和州层面同时实施。项目能否实现其目标不得而知，科联尼斯和纳什指出这些政治举措的前提都是 EMS 能够对环境绩效产生影响。然而这一问题需要研究和证据而非未经检验的乐观主义。

本节的分析提出了鼓励公司采取 EMS 的新理论。我们不以 EMS 会对环境绩效产生影响为前提，而仅假设 EMS 改善了经理人对于公司环境绩效的内部信息获取能力。在这一前提下，EMS 可以作为 NGO 对环境信息披露和漂绿行为进行审计的补充。此时，如果经理人不对公司环境绩效进行任何披露，市场将会推断经理人没有披露负面信息，并因此降低对该公司的估值。相反，这意味着 NGO 对漂绿行为的惩罚威胁更可能驱使经理人进行充分信息披露而非不披露。事实上，EMS 的存在使得市场更加接近共同知识，进而提高市场效率。此外，EMS 的存在使得经理人更可能充分了解公司的环境影响，进而市场知道公司更可能拥有充分的信息。因此，当经理人没有对公司行动的影响进行披露时，他不再能够躲藏在无知之幕后，从而不得不进行充分地信息披露。

本部分提供了对漂绿行为的经济学分析。漂绿行为可定义为对与公司环境绩效有关的正面信息的选择性披露，而对负面信息未进行完全披露行为。模型分析表明，以中等概率产生积极环境和社会影响的公司更可能采取部分信息披露策略。由于披露成功信息可以大幅改善公众认知，隐藏失败信息可以防止公众产生较大的负面认知。因此，此类公司更愿意冒公众强烈反对的风险而只进行部分信息披露。而当公司取得环境成功的可能性下降时，其更倾向于提高信息披露程度。此外，如果公司处于可能会对社会或环境造成不良影响的行业，或者对其所造成的环境和社会影响了解相对充分，NGO 对公司信息披露的审计更可能使公司变得开放和透明。

研究表明，公众对漂绿行为强烈反对的威胁可能会使得公司保持沉默而非更加开放和透明。特别的，有社会责任感且活动成功概率高，但是对其行动的社会影响了解不充分的公司更可能做出如上反映。在环境保护的背景下，此类公司被描述为"在清洁行业中的信息不充分的公司"。活动家对此类公司提升信息披露程度的施压可能会适得其反并产生与预期结果相反的后果。

采用 EMS 的公司采取不披露以应对 NGO 审计威胁的可能性将会降低。EMS 和 NGO 审计之间的互补性将会使得强制实施 EMS 的公共政策产生一定效益。分析表明，EMS 使得市场更加接近共同知识，进而提高市场效率。在存在 EMS 的情况下，经理人更加了解其公司的环境影响，且市场知道经理人了解地更加充分。因此，当经理人没有对公司行动的影响进行披露时，他不再能够躲藏在无知之幕后，从而不得不进行充分地信息披露。

3.4　企业参与策略
——象征性合作

上一节对企业在自愿协议中的信息披露问题进行了探究，并提出解决这一问题的可能途径。事实上，企业在自愿协议的参与过程中有相当的操纵空间，且不仅限于对信息流的控制。作为一项集体行为，自愿协议具有天然的局限性：企业可以通过选择参与或不参与以及参与的时间先后来最大化自身效益，即搭同业便车并享受同等好处。

企业通常面临参与自愿协议的三种选择。第一，实质性地参与并展开合作。它们降低排放量以潜在地先占于更加严格的管制措施。采取实际行动减排的企业必须要完成相应的组织上或技术上的变更，此类伴随着操作层面的实质变更的合作参与为实质性合作。第二，拒绝参与到集体行动中，且搭行业中其他参与自愿协议并减排的企业的便车。第三，企业可能参与到自愿协议中，但并没有任何提高环境绩效的实际行动。在这种情况下，参与自愿协议只是象征性的，企业将他们的实际行动从其正式的组织结构中分离出来。象征性合作的企业仍然会搭实质性合作企业的便车。

基于制度理论和企业政治策略的文献研究，本节将建立起解释实质性和象征性企业合作策略的模型。我们认为先动者和后参与者面临不同的制度压力，进而影响企业在自愿协议中所选择的合作类型。本章节首先将建立促进企业选择参与早期、晚期或不参与气候挑战方案的假设，进而将参与时间与象征性和实质性合作相联系。

3.4.1　模型假设

3.4.1.1　政治压力

尽管自愿协议可能帮助整个行业避免潜在的未来管制，不是所有的企业都面临同等水平的来自这些潜在管制的威胁和先占效益。而国家监管环境的不同使得企业采取的政治活动也各异。在单一国家中，州与县出台不同的规章制度，这些地方政治层面的差异将会影响企业在国家层面参与企业政治活动的可能性。此外，具有某些特征的企业可能会使其自身面临更高的政治压力，如暂时或永久性地依赖政府以获得牌照的企业。

由于面临更高政治压力的企业从自愿协议中所获得的效益要高于组织集体行动的成本，因此其更可能参与自愿协议的创立。换言之，无论其他企业的行动如何，这些企业都会参与创建自愿协议。因此，他们参与自愿协议的决策更像是个人决策而非集体决策。对于面临较大政治压力的企业来说时间是非常重要的，他们需要尽早地在该政治问题演变为潜在成本更高的管制要求之前占得先机。而一旦问题变得更为显著，企业要提前他们的议程将变得更为困难。总之，面临更大政治压力的企业更可能成为自愿协议的早期参与者，而面临较低政治压力的则不会如此紧迫，更可能等待并观察其他企业的行动。因此，可以假设：

假设1　自愿协议的早期参与者较后参与者和不参与者面临更大的政治压力。

假设2　自愿协议的早期参与者较后参与者和不参与者更依赖地方和联邦监管机构。

3.4.1.2　与行业协会的联系

行业协会在促进企业政治策略产生的过程中发挥了核心作用。他们提供了政治问题沟通的核心讨论平台，因此参与行业协会的企业也更加了解对企业活动进行潜在的管制的影响。此外，由于在连续关系背景下的意见分歧可能是更加复杂的，行业协会的参与者更可能面临其同行所施加的规范压力。此外，企业能够支付较高费用参与到协会中，重要原因之一即其认可协会的政策。企业是行业协会的一部分，因而也更可能成为协会发起的举措的首批参与者。因此，可以假设：

假设 3　自愿协议的早期参与者较后参与者和不参与者更可能是行业协会的成员。

3.4.1.3　企业早期环境投资

企业的资源以及维持集体行动成本的能力是其参与集体行动的一项重要因素。早于自愿协议的发起而对环境绩效提升进行的投资会对参与自愿项目的潜在效益产生影响。一方面，如果项目承认企业先前的减排努力，在协议发起之前已经投资于减轻（不良）环境影响的企业更可能参与到自愿协议中；另一方面，协议发起之前没有投资于减轻环境影响行动的企业可能会利用这一项目来提高他们的声誉，这对于缺乏投资的企业来说尤为需要。尽管对绿色企业和污染企业参与自愿协议都提供了理论依据，经验证据是复杂的。本书认为绿色和污染企业都有参与激励，但是参与的背景可能随时间变化而不同。

首先，在自愿减排上采取早期措施的企业会发现早期行动有利于强迫竞争对手减排，减少竞争对手。如项目会对早先已经开始减排努力的企业授予一定的信用额度，使得这类企业更可能从项目中受益。无论其他企业是否为减排做出贡献，他们都能够获得信用额度。

而对于没有减排的企业以及污染型企业来说，如果方案能够允许其与绿色企业相关联并因此提高他们的声誉，他们仍然能够从项目参与中获益。因而对于这类企业来说，需要在决定参与之前观望谁是早期参与者，即技术和管理实践的早期参与者的性质会影响未来方案的被接纳程度。特别的，有高声望的初始参与者会对其他组织参与实践形成巨大压力。而跟随者想与"高质量"的初始参与者相关联，以增强其外部合法性。随着时间推移，不参与者特别是当其为污染企业时，会被发现并被视为行业的"害群之马"，此时后参与者可能与早期参与者面临不同的参与自愿协议的政治压力。

因此，我们假设早于协议开始而采取的环保努力不仅会影响企业的参与决策，还会影响参与时机。已于早期付出减排努力的企业有激励在初期即参与该方案以影响竞争；而对于未采取早期减排行动的且为后参与的企业来说其参与激励更强。

假设 4　自愿协议的后参与者不太可能较后参与者和未参与者在方案开始前付出减排努力。

总之，早期和后期的参与者面临不同的制度压力。我们假设早期参与者更可能面临政治压力并受行业协会所影响，且政治压力随着时间变化以及企业的资源差异而不同。没有在早期参与方案的企业以及在方案开始前已经有所行动的企业在行业中大量企业加入自愿方案后更可能面临制度压力。

3.4.1.4　实质性 VS 象征性合作

企业的激励由不同的政治压力形成，并随着时间推移而变化，因此我们认为早期参与者更可能采取实质性减排举措，而后参与者更可能只是象征性地参与项目。首先，由于早期参与者面临政治压力且与行业协会联系更加密切，因而较后参与者会面临更多审查。其次，如果他们希望在竞争中施加成本，就需要向其竞争者证明他们采取了实质性的行动。换言之，在对减排量做出要求时他们必须是可信的。

制度研究发现企业可能将参与象征性管理作为对制度压力的一种回应方式。在这一背景下，企业采取象征性方式是遵从（要求）的，但是程度较轻。然而尽管制度压力导致同构（企业都选择参与），但象征性参与可被视为对同构的背离。因此，基于合法性地对象征性参与的解释并不能解释为什么绩效更差的企业为寻求象征性参与的企业。

事实上，象征性参与可以视为企业不想遵从但欲利用制度以实现战略手段的一种操纵。即企业通过参与自愿协议以避免不采取任何行动而可能面临的批评和传递消极信号，并借其来隐藏企业不尽人意的表现。

后参与者可能认为象征性参与风险很小。第一，如果方案明确表示"搭便车"者不会面临任何惩罚，企业象征性合作不需担心任何惩罚。第二，方案已经宣布成功，他们不用担心会因其破坏项目的声誉并被挑选出来。

总之，由于早期和后参与者面临不同的激励和压力，他们将在自愿协议中选择不同的合作行为：

假设 5   在气候挑战方案中，后参与者更可能象征性地合作，而早期参与者更可能实质性合作。

3.4.2 模型

我们的目标是检验企业参与项目的动力并评估他们的绩效。参与自愿协议的决策以及绩效结果很可能受相同的可见和不可见因素的影响。为了比较参与者与非参与者的减排成果，进而分离出参与自愿协议对环境绩效的影响，我们需要对潜在的外生性问题进行修正。因此，我们采用一个两阶段估计模型。该模型同时决定项目参与成果以及旨在解决这一问题的企业参与决策的决定性因素。

在第一阶段的等式中，我们不仅将预测参与自愿协议的可能性，还要对早期和后期参与者进行区分。为了解不同类型参与者的差异，本节将修正传统的第一阶段等式以预测企业成为非参与者、后参与者或早期参与者的可能性；在第二阶段，我们使用这些参与者的参与类型的预测值来检验自愿合作策略如何促进减排。

第一阶段回归：

在第一阶段的回归中，我们使用两个模型来预测自愿协议的参与：首先运用一个二元罗吉特模型来预测自愿协议的参与（participation）情况；其次运用一个多项罗吉特模型来预测参与者的类型（type of participant）：（1）非参与者，（2）后参与者以及（3）早期参与者。两个模型都采用最大似然估计法进行估计。

参与：这一变量代表企业参与自愿协议的决策，值为 1 代表登记年份以及接下来的年份，否则记为 0。自愿协议可以用来识别参与者和非参与者以及进入该项目的年份。我们使用这一指标作为第一阶段回归中二元罗吉特模型的因变量。二元罗吉特模型提供了企业参与协议的一种可能性的估计（方法）。这一模型使我们可以在第二阶段回归中对项目的总体有效性进行分析。

二元罗吉特的参与模型如下（第一阶段）：

$$Prob(Participation_{i,t} = 1) = F(Z'_{i,t-1}\beta) \qquad （模型 1a）$$

参与是第一阶段的二元因变量，$Z_{i,t-1}$ 是可用作工具的外生独立变量，F 是累积的罗吉特分布（$F(x) = e^x/(1 + e^x) = 1/(1 + e^{-x})$）。自变量滞后一期（一年）以避免反向因果关系。

参与者类型：这一变量代表自愿协议中参与者的类型。我们建立一个类别变量，并给未参与者、后参与者以及早期参与者分别编号为 1，2 和 3。这一指标可以作为第一阶段回归的多项罗吉特模型中的因变量。多项罗吉特模型提供了企业作为后参与者或早期参与者参与到自愿项目中的一种可能性的估计。该模型可以对不同类型参与者的有效性进行比较。多项罗吉特以其中一类作为基准，通过对模型所有结果进行同时估计来处理这些类别的非独立性。

多项罗吉特模型的参与模型（第一阶段）如下：

$$Prob(type\ of\ participant_{i,t} = j) = \frac{e^{Z'_{i,t-1}\beta(j)}}{\sum_{j=1}^{J} e^{Z'_{i,t-1}\beta(j)}} \qquad （模型 2a）$$

参与者类型是第一阶段的类别因变量，根据企业类别分别取值 1 ~ 3（$j = 1，\cdots，3$）。$Z_{i,t-1}$ 是可用作工具的外生独立变量。

第二阶段回归：

在第二阶段，我们运用参与的预估值以及参与者的类型来检验其是否能够解释减排量。我们运用每年间二氧化碳排放量的变化率来评估排放水平的变化。

二氧化碳变化率：二氧化碳排放量的变化反映了连续两年的变化率，我们需要计算连续两年之间二氧化碳排放率的变化。用每个企业二氧化碳排放量除以净产生量，公式如下：

$$CO_2 \text{变化率}_i = \left(\frac{CO_2 \text{排放量}_{i,t}}{\text{产生量}_{i,t}}\right) - \left(\frac{CO_2 \text{排放量}_{i,t-1}}{\text{产生量}_{i,t-1}}\right)$$

该变量是正态分布的；因此我们使用混合回归和随机效应的广义最小二乘回归，公式如下（第二阶段）：

$$CO_2 \text{变化}_i = \delta \text{参与}_i + X'_i\gamma + \varepsilon_i \qquad （模型 1c）$$

CO_2 变化$_i - \alpha$ 后参与者 $+ \eta$ 早期参与者 $+ X'_i\gamma + \varepsilon_i$ （模型 2c）

二氧化碳排放量的变化率是用来衡量自愿协议的成果。参与$_i$ 是在第一阶段运用二元罗吉特得出的参与自愿协议的预估概率，X_i 是控制变量以解释 CO_2 排放率的减少。在多项罗吉特中，预估概率代表定义的参与者所属类型，包括后参与者和早期参与者，并以未参与者的类别为基准。由于项目的参与需要一定的时间，而参与自愿协议对企业的污染物排放产生影响存在一定的滞后，因此假定参与概率存在一年的滞后期是合理的。

模型中采用的独立和控制变量见附录 B。

研究表明，实质性的合作策略更可能发生在企业参与的自愿协议的初始期，而后参与者更可能"搭便车"或进行象征性的合作。研究分析认为自愿协议的后参与者与早期参与者之所以采取不同的合作策略，在于其面临不同的制度压力。此外，只进行象征性合作的后参与者可能会危害自愿协议的整体有效性。

本部分结论主要与政策制定者有关。欲设计有效的环境协议的政策制定者需要识别导致自愿协议中实质性和象征性合作的因素。由于追随者可能只是象征性地合作并可能破坏项目的整体有效性，因此旨在鼓励一批知名企业参与自愿协议以起到示范作用的政策并不总是有效的。

3.5 消除污染型产品的集体自愿协议

上一节已经就企业在参与自愿协议过程中的合作方式进行了讨论，表明在协议的不同阶段企业可能采取不同的合作策略。特别的，后参与者往往选择象征性合作，从而危害自愿协议的整体有效性。本节将继续讨论集体行动下的企业行为，通过构建存在两种类型产品的市场的简单模型，更加具体化地分析企业在产品生产决策过程中的策略选择，并探究集体行动下的协议有利可图的条件和局限性。

3.5.1 基本模型结构

本节的分析基于存在具有两种类型的特定产品的市场的简单模型。在该市场中，一种是高污染（低效率或"棕色"）类型；一种是低污染（高效率或"绿色"）类型。模型假定完全相同的竞争公司对产品的数量和质量进行同时选择，其中质量的选择为分散而非连续的。模型均衡中的公司拥有完全相同的生产线（不同公司的产品无差异）。当公司不能随意改变产品规格时，同时选择数量和质量的行为则更可能发生。模型设计与我们的观察是一致的，即对于许多产品来说，单个公司会生产具有多种效率水平的而非单一类型的产品。例如，在洗衣机市场中，公司会同时生产节能及能耗较高的产品。

我们认为垂直差异化产品市场有以下特征：存在两种产品类型，包括低效型（L）和高效型（H）。市场上潜在的产品消费者的使用强度（θ）不同，在 $[0, 1]$ 上均匀分布。θ 可以理解为消费者使用该产品的时间（或以洗衣机为例，消费者在一定时间区间内的洗衣次数），被视为外生变量。这一假设与经验证据是相一致，即家庭对洗衣机的利用率是非常缺乏弹性的。每个消费者都可以选择购买单独一单位产品或者不买。购买一单位某一类型为 $i(i=L, H)$ 的消费者 θ 的（间接）效用为：

$$V_i^\theta = U(\theta) - p_E x_i \theta - P_i, \qquad (3.40)$$

其中，$U(\theta)$ 为消费者使用该产品的效用，p_E 为能源的单位价格，x_i 为产品类型为 i 的模型中对产品的每单位利用（如每小时或者每单位负荷）的能源消耗，P_i 为类型为的产品价格。为了简化起见，假设 $U(\theta) = \theta$，则购买产品 i 的使用强度为 θ 的消费者的效用为 $V_i^\theta = \lambda_i \theta - P_i$，其中 $\lambda_i = 1 - p_E x_i$，取决于不同产品类型的能源价格和能源效率，λ_H 和 λ_L 分别代表整体质量为高效率和低效率两种类型。低效率类型的单位能源消耗要高于高效率类型，因而有 $x_L > x_H$，$\lambda_L < \lambda_H$。

通常，低效率类型的成本要低于高效率类型，所以有 $P_H > P_L$，且在模型中恒成立。进而当两种类型的产品都被生产时，两种产品的价格会对消费者进行分类，如图 3 – 10 所示。因此，存在低运作成本的高价格产品类型与高运行成本的低价格产品类型选择。每个消费者都会购买使自身效用最大化的产品类型，不会购买产生负效用的产品类型。按照分类，类型为 θ 的消费者会购买高效率产品当且仅当：

$$\theta \gtrless \theta_H \equiv \frac{P_H - P_L}{\lambda_H - \lambda_L}, \qquad (3.41)$$

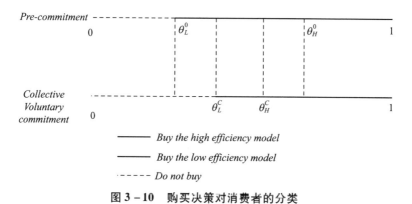

图 3 - 10　购买决策对消费者的分类

消费者会购买低效率类型的产品当且仅当：

$$\frac{P_L}{\lambda_L} \equiv \theta_L \leqslant \theta < \theta_H \qquad (3.42)$$

$\theta < \theta_L$ 的消费者不会选择购买产品。需注意的是，$\lambda_H - \lambda_L$ 可以衡量两种产品类型的相似度。在其他条件不变的情况下，随着两种产品类型的不断接近，需求将会从高效率类型向低效率类型移动。

给定 θ 的分布，当两种类型的产品都在市场上销售时，由此产生的需求如下：

$$Q_H = N(1 - \theta_H), \qquad (3.43)$$

及

$$Q_L = N(\theta_H - \theta_L), \qquad (3.44)$$

其中，Q_i 代表类型 i 的产品的需求量。从而反需求函数如下：

$$P_L = \lambda_L(1 - Q_H - Q_L), \qquad (3.45)$$

及

$$P_H = \lambda_L(1 - Q_H) - \lambda_L Q_L, \qquad (3.46)$$

其中，我们令 $N = 1$。当只生产高效率产品类型时，反需求函数如下：

$$P_H = \lambda_H(1 - Q_H). \qquad (3.47)$$

最后，设生产成本为二次，且高效率类型成本高于低效率成本，即：

$$C_i(q_i) = c_i q_i^2,\qquad\qquad(3.48)$$

其中 q_i 为单个公司所生产的类型为的产品数量，且 $c_H > c_L$。为了简化起见，我们令 $c_L = 0$。

3.5.2 承诺前均衡

由于序贯选择不会产生对称均衡，从而不符合本部分要求，因此本小节假设质量和产出为同时选择而非按顺序做出选择。假设有 n 个公司作为古诺竞争者，市场的反需求函数如式（3.45）和式（3.46）所示，给定其他公司的生产数量，每个公司通过选择两种类型产品的生产数量以最大化自身利润。因此，在没有对污染型产品的生产进行任何限制的情况下，公司仅选择 q_H^j 和 q_L^j 来：

$$\mathrm{maxim}ize\ \prod{}^{j} = P_H q_H^j + P_L q_L^j - c_H (q_H^j)^2.\qquad(3.49)$$

由此产生的纳什均衡具有以下性质（上标"0"代表在承诺任何协议之前的初始均衡）：

命题 1 $(i)\ P_H^0 > P_L^0$，$(ii)\ q_L^{j0} = q_L^0$ 及 $q_H^{j0} = q_H^0$，$(iii)\ q_L^{j0} = 0$ 当且仅当对所有的 $j = 1$ 到 n 有 $c_H = 0$.

如预期，在均衡中高效率类型的价格要高于低效率类型。由于低效率类型产品一定会使用更多的能源并因此具有更高的运行成本，在均衡中为吸引消费者购买则一定具有更低的购买价格。此外，不同公司的每类产品的生产数量相同的。除非高效率类型产品的生产是无成本的，公司将会选择生产两种类型的产品。又由于消费者的异质性，且考虑到模型的背景，无论其竞争者的选择如何，在协议不作要求的情况下，每个公司都有激励生产高效率（绿色）产品。同样，公司也没有激励单方面消除污染产品的生产。

给定初始均衡的特征，下面将讨论公司是否有激励集体承诺限制低效率产品的生产。

3.5.3 集体协议

首先我们将对停止污染产品的生产的集体协议的影响进行分析。该协议对公司的生产约束为 $q_L^j = 0$。在本小节中，我们假设行业中的所有公司都参与并遵守协议。由于公司就任何关于产出水平决策的合作都可能违背反托拉斯法，尽管文章假设公司集体决定限制低效率产品类型的生产，我们将继续模型化他们对高效率产品的产出选择以作为纳什均衡。因此，给定这一限制，每个公司都会对两种类型产品的产出水平进行选择以最大化式（3.49）中的利润。

协议对公司利润的影响取决于许多因素。首先是行业规模。命题 2 总结了行业规模的影响，其中 π^{jE} 表示公司 j 在消除污染产品协议中的最大化利润，π^0 表示协议前的利润水平。

命题 2　存在 $n^* > 2$，使得对于所有 $n < n^*$，有 $\pi^{jE} < \pi^0$；对于所有 $n > n^*$，有 $\pi^{jE} > \pi^0$。

因此，在其他条件不变的情况下，消除污染产品生产的协议是否能提高公司的利润取决于行业中公司的数量。命题 2 表明，当公司数量足够小时，完全消除无效率产品类型的协议将会使公司境况更差。由于协议对公司利润最大化选择进行了限制，因而污染产品的消除会降低垄断者的利润。命题 2 表明当公司数量足够少时，这一结论对于寡头垄断同样适用。然而，当行业中公司数量足够多时，协议会使得公司境况更好。这一结果可以用协议的双重效应来解释：协议既限制了公司的选择，同时也减少了竞争。公司的数量越多，由于减少竞争而获得的利润越显著。因此，当市场上公司数量足够多时，旨在消除污染产品的协议更可能是有利可图的。

决定协议影响的第二个因素是严格性。下面考虑一个更一般的限制低效率产品的集体协议。在这种情况下，公司设定 $q_L^j = K$，其中 $0 \leq K \leq q_L^0$。当 K 足够高以至于高于无约束产出水平时，符合自由市场的情形，该产量将成为不具有约束力的承诺；当 $K = 0$ 时，符合完全消除污染类型产品的协议。因此，K 可以理解为反映协议严格性的参数，K 越低意味着严格性越高。

在考虑协议的盈利能力如何取决于协议严格性之前，先考虑严格性对价格和数量的影响。这些影响如命题 3 所示，其中上标 C 代表集体承诺下的变量。

命题3 集体协议严格性的增强会导致：各公司及总的高效率产品产量增加（即对 $j=1$ 到 n 有 $(\partial q_H^{jC})/\partial K < 0$，进而有 $(\partial Q_H^C)/\partial K < 0$），并提高了两种类型产品的价格（即 $(\partial P_H^C)/\partial K < 0$ 且 $(\partial P_L^C)/\partial K < 0$）。

很明显限制低效率产品生产的协议可以对公司在其他市场的行为造成影响。当低效率产品的产出减少后，其价格将会上升。尽管这会使得更多的消费者将不会再购买低效率产品，一些消费者会选择用高效率产品加以替代。协议成立后，对高效率产品需求越高，其价格也越高。协议对消费者分类的影响如图 3 – 10 所示。

严格性对价格和数量的影响取决于高效率产品和低效率产品之间的竞争。特别的，我们可以获得垄断市场量化的相似结果。然而，对于生产者利润却并非如此，说明公司之间的竞争在决定严格性对利润的影响上发挥了重要作用。在垄断情况下，无论协议严格程度如何，任何减少低效率产品的承诺都会降低利润。而当市场中的公司多于一个时，严格性对公司利润的影响是不单调的。下面通过检验 $\pi^{jC}(K)$ 来分析协议严格性对利润的影响，$\pi^{jC}(K)$ 为集体承诺条件下最大化单个公司利润的 K 的函数。

命题4 $\pi^{jC}(K)$ 为单峰函数，在 K^{*C} 处达到最大值，其中对于所有的 $n>1$ 有 $0<K^{*C}<q_L^0$。

π^{jC} 和 K 之间的关系如图 3 – 11 所示。线 FG 为在不同取值情况下的均衡轨迹。值得注意的是，均衡轨迹是线性的，但是并不经过可能性最大的利润点（即共谋点）。这主要是因为协议限制了低效率产品的生产但未限制高效率产品的生产。图 3 – 11 还描绘了穿过单个公司协议前均衡点 O 的等利润线。假设所有公司的每种类型产品的生产数量都相等（给定所有公司都是完全一样的，在均衡中总是如此），等利润线提供了在不同数量选择下的利润排名。当 K 的取值在 $\underline{K}^C < K < q_L^0$ 之间时，协议利润超过协议前的利润水平。

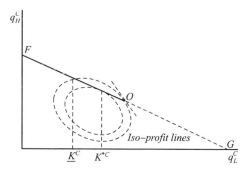

图 3 – 11   集体承诺下的均衡轨迹

非单调性的直觉如下：以协议前生产水平为起点，限制低效率产品生产的有约束的协议抑制了市场上公司之间的竞争，并在最初提高了行业利润。但需注意的是，垄断者的产出不存在此种效应。然而，当低效率产品的产出被进一步限制后（即协议更加严格），生产限制的直接效应将会超过竞争减少的所得，从而导致与垄断情形相同的利润减少的结果。在 K 的这一区间内，即使高效率产品的销售量以及两种产品的价格都会上升，其所得将会被其他市场的损失所大大抵消。因此，如命题 4 所示，当 K^{*C} 大于即协议更加严格时，利润将会下降。

更加正式地，我们将对 K 的变化对公司利润的效应进行如下分解。公司 j 的最大化利润作为拉格朗日函数的最优解如下：

$$\Phi^j = P_H q_H^{jC} + P_L q_L^{jC} - c_H (q_H^{jC})^2 + \varepsilon (K - q_L^{jC}),\qquad(3.50)$$

其中，ε 为最优化情况下的拉格朗日乘数。利用包络定理，K 的减少对公司利润的影响如下：

$$\frac{\partial \pi^{jC}}{\partial K} = \frac{\mathrm{d}\Phi^j}{\mathrm{d}K} = \underbrace{\varepsilon}_{\text{限制效应}} + \underbrace{\frac{\mathrm{d}P_H}{\mathrm{d}K}\bigg|_{q_H^{jC},\ q_L^{jC}} q_H^{jC} + \frac{\mathrm{d}P_L}{\mathrm{d}K}\bigg|_{q_H^{jC},\ q_L^{jC}} q_L^{jC}}_{\text{策略效应}},\qquad(3.51)$$

其中，$\dfrac{\mathrm{d}P_i}{\mathrm{d}K}\bigg|_{q_H^{jC},\ q_L^{jC}} = \dfrac{\partial P_i}{\partial Q_H}\displaystyle\sum_{\substack{s=1到n\\s\neq j}}\dfrac{\mathrm{d}q_H^{sC}}{\mathrm{d}K} + (n-1)\dfrac{\partial P_i}{\partial Q_L},\ i = H,\ L.\ 。

上述分解表明协议对公司利润有两方面的影响：限制效应和策略效应。限制效应如命题 3 所示，协议使得公司 j 更多生产高效率类型的产品从而限制了公司的产出选择并进而影响公司利润。当 K 值低于 q_L^0 时，限制效应总是正的，表明在其他条件不变的情况下，该约束使得公司对产品类型进行的替代并对其利润产生负影响。因此，限制效应反映了约束对两种类型产品之间竞争的影响。另一方面，策略效应即通过限制公司竞争者的数量选择而使得公司 j 利润增加。由于其他公司产量对市场价格的影响进而影响公司 j 的利润，策略效应即反映了约束对公司之间竞争的影响。

对一般的需求和成本函数而言，策略效应的符号是不明确的，即严格性的增加可能提高或降低竞争力。然而，当假设为线性需求函数且成本为二次式时，限制效应如下：

$$\varepsilon = \frac{2\lambda_L c_H}{\lambda_H(1+n)+2c_H} - K\lambda_L(1+n)\frac{(1+n)(\lambda_H-\lambda_L)+2c_H}{\lambda_H(1+n)+2c_H} \quad (3.52)$$

其中，由于 $K \leqslant q_L^0$，则 $\varepsilon \geqslant 0$。而策略影响用 τ 表示如下：

$$\tau = \frac{\lambda_L(n-1)}{(\lambda_H(n+1)+2c_H)^2}\left[-2\lambda_H c_H - K(4c_H^2 + (n+1)(\lambda_H-\lambda_L)(4c_H+(n+1)\lambda_H))\right]$$

$$(3.53)$$

由于 $K \leqslant q_L^0$，策略效应总是负的，表明限制竞争者生产的效率低的产品类型的数量降低了公司之间的竞争，从而对于公司 j 的利润有正影响。因此，公司 j 的净效应取决于两种效应的相对强弱，即不仅取决于协议的严格性和公司数量，还取决于其他因素。

例如，协议的盈利性还受两种类型产品的能源效率和相对生产成本的影响。图 3-12 描述了在不同严格性 K 和低效率类型产品的能源效率 x_L 的组合下协议对公司利润的影响。图中的两条曲线描述了在 x_L 取不同值时的 $\underline{K}^c$ 和 q_L^0。$\underline{K}^c$ 和 q_L^0 都随着 x_L 的增加而递减。当低效率类型的产品能源效率越低时，即 x_L 越高时，协议前的产出水平和协议的严格性越低，此时，在其他条件不变的情况下协议将变得无利可图（$\underline{K}^c$）。对于任何 x_L，当 K 值介于 $\underline{K}^c$ 和 q_L^0 之间的区间时，协议是有利可图的；而当 K 值介于 $\underline{K}^c$ 和 x 轴之间的区间时，协议是无利可图的。需注意的是有利可图的协议的相对范围 $(q_L^0 - \underline{K}^c)/q_L^0$ 随着 x_L 增加而增加。因此，当令协议在 x_L 很低时无利可图的 K 值可以使得协议在 x_L 较高时变得有利可图。这是因为更高的 x_L 意味着更低的效率和产品类型的低效率的更低的可能性。鉴于此，协议的限制条件对公司的利润有更小的之间负面效应，从而使得整个协议可能变得有利可图。

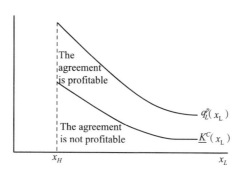

图 3 - 12　基于能源效率的协议的盈利性

高效率产品类型的效率的增加，即 x_H 的下降同时使得 $\underline{K}^C$ 和 q_L^0 向下移动并增加了可盈利协议的相对范围，因而有与一种类型相似的影响。直觉上，两种类型差距越大，通过降低低效率产品产出并转向高效率产品而提高利润的潜力越大。这意味着降低公司利润的协议可以随着绿色产品绩效的提高而变得有利可图。

同样地，严格性的影响取决于公司的数量。图 3 - 13 反映了严格性和行业规模的结合可以产生有利可图的协议。在垄断条件下，没有协议是有利可图的，且 $q_L^0 = \underline{K}^C$。然而，随着 n 的增加，有利可图的协议的范围也会增加。当 $n > n^*$ 时，包括消除所有无效率产品的协议在内，所有的协议都是有利可图的。

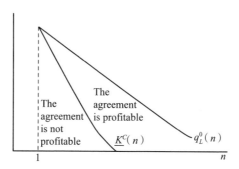

图 3 - 13　基于行业规模的协议的盈利性

3.5.4 "搭便车"的影响

上述讨论表明集体协议是否有利可图取决于一系列因素，包括行业规模，协议严格性以及两种不同类型产品的能源效率。然而，这些结果都是在如下假设下得出的，即行业内的所有公司都参加并遵从协议。下面将讨论"搭便车"的问题。在分析中，当行业内公司由于最初未加入或者加入后但是不遵从约束（即欺骗）而未参与到协议中来，我们认为出现了"搭便车"行为。很明显，在没有任何处罚措施的情况下，公司存在不参与减少产出的协议或进行欺骗的激励。由于 $q_L^1 = \cdots = q_L^n = q_L^0$ 和 $q_H^1 = \cdots = q_H^n = q_H^0$ 是唯一的纳什均衡，因此 $q_L^1 = 0$ 不是 $q_L^2 = \cdots q_L^n = 0$ 的最优反应。因此，如果一个公司相信行业内的其他公司将会遵守协议，它将有激励进行欺骗并扩大低效率产品的产出，进而公司面临囚徒困境。

当公司选择进行欺骗时协议是否有利可图取决于行业规模 n 以及不遵约的公司数量 m。令 $\pi^{jFR}(m, n, k)$ 表示参与协议的公司 j 的利润，其中公司 j 是 $n-m$ 个遵约公司中的一个。下面的命题描述了"搭便车"对签署协议的公司的利润的影响。

命题5 当存在"搭便车"行为时，有：（a）对于 n 的所有取值以及 $K < q_L^0$ 时的 K 所有取值有 $\pi^{jFR}(m, n, k) < \pi^{jC}(n, k)$，（b）存在 m 的取值 m^*，使得 $\forall m < m^*$，$\pi^{jFR}(m, n, k)$ 为单峰函数且在 $K < q_L^0$ 的 K 的某个取值出达到最大值，（c）若 $\underline{K}^C > 0$，则 $\underline{K}^C < \overline{K}^{FR}$。

如之前所预期的，"搭便车"降低了遵从协议的公司的利润。然而，"搭便车"不一定会消除从承诺中的任何所得。如果行业中有足够多的公司遵从协议，则存在有利可图的协议。这意味着对所有公司，包括参与和未参与公司而言，协议的存在较无协议将会获得更高的利润。然而，当有利可图的集体协议的范围有限时，"搭便车"将会导致有利可图范围的下降，如图3-14所示。因此，对于"搭便车"情况较少而对参与者有利可图的协议，如果随着时间推移"搭便车"行为增加，则协议可能变得无利可图。当有足够多的公司选择不遵从协议，即 $m > m^*$ 时，有利可图的协议将不再存在。

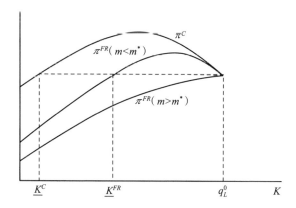

图 3-14 "搭便车"降低公司利润并降低有利可图的协议范围

因此，尽管协议存在提高公司利润的潜力，为使其具有可持续性，需要有一些手段来确保承诺的履行。而公司公开宣布其减产污染产品的承诺可以部分解决"搭便车"的问题（若不履行承诺，则成本高昂，如破坏公司公共形象）。

3.5.5 对社会福利的影响

尽管此类环境协议对公司来说可能是有利可图的，从社会层面来说协议的吸引力在于其对社会协议的影响。需注意的是，协议会降低总的能源消耗量。这是因为协议可以引导之前购买低效率类型产品的消费者转向高效率产品或者停止购买，从而表明协议可能同时提高生产者利润，并改善环境质量。

协议是否能提高社会福利取决于社会所得是否能够超过社会损失。如命题 3（2）所示，对低效率产品类型的生产限制提高了两种类型产品的价格，因而一定会降低消费者剩余。又由于自由市场会导致两种类型产品提供的减少，进一步限制产出的协议总会导致社会福利的减少而不会产生任何环境影响。因此，协议所导致的消费者剩余的减少超过了与之相关的行业利润的增加。其对社会福利的影响，即市场剩余的损失是否超过相关能源使用减少而导致环境质改善对损失的抵消，将取决于每单位能源消费的破坏程度。

本部分运用一个简单模型来对限制或完全消除低效率产品的自愿集体协议进行检验。模型考虑了公司之间以及不同产品类型（高效率 vs. 低效率）之间的竞争潜力。结果表明该协议有潜力来提高行业内所有公司的利润。自愿协议通过限制市场竞争赋予公司一种策略优势。在一定范围内，策略效应的利润所得要高于限制公司产出选择所造成的任何损失。说明此类集体协议可能对所有的公司（参与和未参与公司）都是有益的，并同时改善环境质量。而在垄断情况下，环境质量改善是不会出现的。

对参与公司来说，协议是否能提高利润取决于一系列因素。关键因素为协议要求的严格性。如果有足够多数量的公司甚至所有公司都参与到协议中来，污染产品的适度减产对参与公司来说是有利可图的。而对于协议的严格要求（包括完全消除某类产品）是否能够提高利润，其结论是模糊的，这主要取决于绿色产品的相对绩效（两种类型产品的能源使用的差异）以及行业规模（及竞争程度）。

即使当集体行动对所有公司来说是可获利的，由于每一个参与公司都有激励进行欺骗，有必要实行一些确保结果实现的措施。因此，通过推进协议，政策制定者可以以相对较少的激励获得环境好处。协议对社会福利的影响将取决于这些所得是否足以抵消消费者由于产品种类减少以及相应价格升高所受到的损失。

公司在集体协议下盈利的限制性条件，加之"搭便车"的激励，表明仅依赖集体协议来减少或消除污染型产品是有限的。尽管在某些条件下此类协议是成功的，它们不能完全取代对非自愿政策的需求。

3.6　由模型分析归纳供给侧自愿
协议的运用条件及特征

3.6.1　前提一：监管体系进程缓慢，监管成本提升

自愿协议在发达国家展开探索的一个重要背景是传统的命令管制手段

进程缓慢，且监管的边际成本开始提升。以美国为例，20 世纪 70 年代，一系列出于环境污染和生态破坏造成的灾难性事件的发生激发起人们强烈的环境保护意愿。随后，一系列针对环境问题的里程碑式的环境法律在美国通过。然而，在美国缔造环境法的十年之后，新的环境法律的出台却屡遭阻碍。由此，美国 EPA 开始采取一些新的行政手段和治理模式来推进对企业环境责任的激励和约束，旨在以更低的环境管制成本来实现更高的环境标准。

随着经济体系复杂性不断提高，污染源数量增加迅速，且分散，实施监测、监管和执行政策的成本开始不断提升。不仅在发达国家如此，在许多新兴经济体业缺乏较好监管能力；缺少大量愿意支持立法行动的公民；且有特殊利益群体可能阻碍、破坏或者控制监管进程等，正式在这种前提下，各国、地区开始探讨新的政策手段的可能性，这也从侧面反映了自愿协议存在的必要性以及其所具有的优势。

3.6.2 前提二：政策决策机制为自下而上与自上而下相结合

从公共政策制定模式的演变模式来看，决策机制经历了两次转型，第一次是由完全理性决策模式向协商渐进决策模式，第二次则是由协商渐进决策模式再转为混合扫描决策模式，如表 3-2 所示。

表 3-2　　　　　　　　政策制定模式演进及要素比较

	完全理性决策模式	协商渐进决策模式	混合扫描决策模式
1. 谁来发现问题，界定问题	政府责任部门	所有相关方共同发现问题，界定问题	公共部门在咨询相关后，界定问题
2. 问题处理过程的主要特征	理性处理步骤线性推进	一个持续的、循环的解决问题的过程	至少从两个角度：一是广泛但粗略；二是在广泛扫描的基础上重点详细考察少数方案
3. 问题处理的过程中的各利益相关方的参与程度	相关方不是治理框架中的一部分，或者是在决策的早期"增加"了利益相关方的部门	公共和私人部门的参与者都持续的全流程参与，参与度越高越好	在流程的每个步骤汇总，公共和私人相关方都全面参与

续表

	完全理性决策模式	协商渐进决策模式	混合扫描决策模式
4. 公共部门与利益相关方的角色定位	公共部门更加主动，基于其规定、规范和标准进行决策	公共部门被动地将利益相关者关切的事宜转化为社会共识，	公共部门作为积极的协调人，综合协调所有利益相关方的需求，寻找调和的途径
5. 决策方式	以公共部门为主的自上而下的决策方式	相关方和公共部门构成决策网络，自下而上的决策方式	公共部门，将自下而上与自上而下的方式相结合

环境政策制定过程在20世纪80年代、90年代经历了完全理性决策模式，然而这一理想模式的前提是决策者需要十分充足的决策资源，对决策环境有很强的控制力等。人们开始逐渐认识到决策所需资源的局限性，且随着环境管制边际成本显著提升，很多地方开始针对地方性的问题在很多地区发展协商渐进决策模式。这一模式的特点是决策者通过修改、增订现行合法政策而制定新政策的模式。在这一决策过程中，人们更加注重实际，并不总是寻求解决某一问题，而是通过渐进方式作出有限的、注重实效并容易被人接受的政策。渐进模式的基本程序是：（1）识别问题，确定目的或目标；（2）决策者在过去相似问题的解决方案中进行搜寻；（3）分析与评估少数可供选择的、看上去可行的方案；（4）对每一可供选择的方案来说，决策者只能对其可能产生的某些"重要"后果进行评估；（5）选择一个可以解决问题但又不会剧烈变革现有社会进程与制度的方案。如同所有模型，渐进式方法也有缺点，一项主要的批评是渐进式相信采取循序渐进的方法是好的，但是如果环境突然发生了显著变化，则难以将这种突发状况考虑进政策制定中，且改进是基于现有的社会状态和政策基础，也决定了这种方式不是特别积极主动地去改变现有状况。

混合扫描法一方面对所有地区进行广角扫描比高分辨的聚焦观察更经济；另一方面在广角扫描提供线索后再进行细致观察，也防止了人们因仅使用广角扫描而遗漏信息。因此，混合扫描模型是一个分层模型，它将高层级的、根本的决策与低层级的、渐进的决策结合起来，"扫描"是指寻找、收集、处理和评估信息并得出结论的必要活动，混合扫描还包含了资源分配规则，以基于形式的变化确定不同层级决策过程中的资源配置。

混合扫描法要求在政策制定和执行前将执行过程划分为几个相继进行的步骤（行政原则）；尽量将对执行结果的承诺划分为几个连续的阶段性成果（政治原则）；尽量将许诺的资源分配到几个阶段使用，并维持战略储备（功利原则）；尽量将不可逆的、成本较高的决策安排在执行过程的后阶段，优先执行那些可逆的、成本较低的决策；为额外收集和处理信息的活动提供一个时间表，以保证可在关键的决策转折点获得信息并作出决定，但也要考虑到这些活动可能会导致意料外的拖延。决策者应该在获得更多信息后，在决策转折点前对选中的方案进行进一步考察。

在渐进性政策的执行过程中，应该进行准整体层次（Semi-encompassing）的调查。如果执行顺利，那么就延长调查时间间隔；即使渐进性政策按计划进行，在困难增多的时候也应该进行全面调查；即使看上去一切进展顺利，也要保证按设定间隔定时对执行过程进行全面的回顾总结，因为：（1）一些在早期无法识别的大风险现在可能可以识别，以防止接下来的措施受威胁。（2）一个之前被排除在外的战略，可能因为阻碍消失且人们还在继续寻找未经仔细考察的战略而变得可行。（3）目标实现，因此，不再需要渐进调适，在这种情况下，人们需要考虑终止政策并确立新目标。制定分配规则，为不同层级的扫描分配时间与资源，将可获得的时间与资源分配到各评估阶段，并非定期地检查这些分配规则。

自愿协议，尤其是由各国环境决策部门发起培育的自愿协议模式，尤其符合混合扫描决策机制的核心要素。其主要特点是，私人部门有信息优势，公共部门在咨询相关私人部门后，界定问题，从广泛宏观和少数方案两个角度协调解决问题；公共部门作为积极的协调人，综合协调所有利益相关方的需求，寻找调和的途径，是自下而上与自上而下相结合的政策模式。

3.6.3　前提三：各参与主题的角色发生转变

自愿协议与以往传统的环境保护举措最大的不同在于其重新定义了各环境主体之间的关系，使得每个主体所拥有的信息获取能力、面临的激励和约束都发生了巨大变化。在这种新型环境治理文化氛围中，不仅原有的管制弊端在一定程度上被克服，各环境主体的更快成长也使得环保问题拥有获得更具效率的解决方式的可能性。政府综合考虑各相关者利益，转变公共政策目标和标准，且作为重要的信息集成中枢，集成并公开决策和监管信息，确定相关的管制计划和制定标准，增强立法等；企业则成为重要产业和行业信息优势一端，是做出权衡其环境损害、社区关系、消费者关系、上下游企业关系和建设发展的核心主体，需要建立更加明确的企业环境目标和管理机制，是环境行为转型和决策的主体。社区、社群、消费者群体、投资者等公众和社会团体则在各个层面上通过参与管理、监督消费者及其消费决策、投资决策等机制影响企业决策及政府的政策制定。

自愿协议为企业和环境保护当局及其官员的管制决策提供了有用的信息来源。参与其中的企业可以使其自身更加开放地面对管制者、社区、消费者，为之提供行业内部运行状况的窗口并帮助其进行未来的管制决策；自愿协议的定期汇报要求为环保部门了解环境绩效提升进展提供了机会。前者可以使管制者对企业所处行业的具体运作模式进行深入了解，后者使其能够更加及时地更多地了解到绩效标准、规范化和交流方面所面临的挑战，待法定变更或新规则出台的时机成熟，从而更加有针对性地提出企业清洁和安全方案。

自愿协议改变了以往"一刀切"的强制性的管制约束，为企业提供了更多的灵活性和创新空间，使得企业可以自由的选择符合公司特性的减排方式以成本最小化实现相应目标。不仅如此，以美国的 NEPT 项目为例，EPA 希望能够转变行业之间的关系，从而使之更加"协作、合作并关注结果"。EPA 将 NEPT 计划视为给予其自身对表现好的企业进行表扬和鼓励的机会，而非在企业违反规则时予之以处罚的机制。EPA 致力于一种更为广泛的问题解决文化的形成。企业的经理人可以更加公开地与 EPA 分享其好的做法以及面临的挑战。NEPT 鼓励企业为良好的环境条件而努力，而非仅遵从政府的管制要求。

近期在自愿协议中还推进了企业与上下游产业链、当地社区的交流。潜在的企业会员需要描述其将如何识别并应对社区关切的问题，以及当可能对社会成员造成影响的重大事件发生时如何进行告知工作等。企业在EPA的申请表中还需要填写其与当地社区关系的信息，与之相关的州和联邦的许可标识号码，以及对表格准确性进行认证且宣称企业完全符合环保标准的企业高级经理的签名。

因此，环境自愿协议强调以市场为基点、政府、企业、社会公众平等参与，共同行动。

3.6.4 监管策略保证自愿协议项目绩效的关键机制

尽管自愿协议突破了传统的环境保护模式，为现代环境治理提供了新思路。但是，协议并非解决环境问题的完美手段，因此本章也特别考察了漂绿、象征性合作，"搭便车"等项目风险问题，研究结论能够为理解和解释自愿协议项目中出现的普遍无法达到预期效率以及其他项目风险提供理论依据，也为进一步提升项目效率提供了机制改进的思路。

第一，从企业参与动机来看，企业的自愿协议的参与动机一直为诸多反对者矛头所指。如第2章和前文所述，为了吸引企业参与到自愿项目中来，相关政府部门往往许诺潜在的进入企业以多种优惠措施，如降低对参与企业的审查标准和频次、放松许可证的申请标准等。进入协议后企业有选择是否遵约的巨大空间和可能性。特别是，很多企业面临较为严格的管制威胁时，进入自愿协议常常成为企业的最优选择，除了希望在严格的监管要求之前取得先占优势之外，参与自愿协议给企业带来的声誉效益，即来自官方的认可以及在更广泛的人群中获得知名度往往成为企业选择进入的重要因素。这种仅仅追求先占优势的动机往往胜过了企业对于环境绩效、环境领先标识的诉求。这也意味着监管、惩罚措施的设计对于企业真正建立内部环境决策机制，保证自愿协议目标实施非常关键。

第二，从自愿协议的目标来看，现有的自愿协议目标设立的通常过于概括、单一，以至于不存在激励效果。很多目标设定的水平没有代表行业内的领先水平，还有一种情况是协议对每个参与公司制定相同的目标，过于死板的环境要求使得一些协议缺乏其存在的必要性。此外，自愿协议的目标通常缺少严格的规定，没有有效的激励和约束使得企业缺乏"非技术创新不可"的动力来实现环境绩效的达标。因此，自愿协议不仅显著降低了法定配额的严格性，宽松的法定额度又为其提供了更低的遵约激励，从而降低了自愿协议的社会福利。加之自愿协议本身的特性，在缺乏第三方机构对参与公司的履约进行监督的情况下，信息不对称以及公司对于市场和技术的不确定性，使得签约企业不敢冒险进行技术革新，从而导致自愿协议效率的降低。

第三，从参与过程来看，尽管企业进入了自愿项目，但如前所述，动机的多样性、信息不对称以及企业的自利性使得企业真实的环境表现却不尽相同。作为一种集体行动协议，自愿协议不可避免地面临"搭便车"问题。正如理论模型所展示的，由于协议中每个公司都有激励进行欺骗或者有激励不参与自愿协议，因此即使协议是有利可图的，也缺乏稳定性。尽管"搭便车"行为不一定会导致协议的失败，但其前提是行业中有足够数量的公司达成并遵从协议。与之相类似的，自愿协议的后参与者往往基于某些外在压力而选择加入，且研究表明其更容易采取象征性合作方式，从而危害自愿协议的整体有效性。除了"搭便车"问题，信息的不对称还可能导致漂绿行为的出现，即公司可以选择性披露与环境或社会绩效有关的正面信息，而对负面信息并不进行充分披露。这将会造成掩盖真实环保绩效，误导公众认知等不良后果，影响自愿协议的效率。

第四，对于参与成效的评估，自愿协议往往不能证明环境效率的改善是由其自身所致，而可以设想出它的成果是由除它本身的很多因素共同造成，甚至它不能证明协议本身是有效的。另外，参与自愿项目的公司可能本身就是环境友好型的，这意味着即使不存在自愿协议，他们也会保持其自身的环境效率，因而受到的成果也不能归属于自愿协议。除此之外，数据的严重缺乏也成为评估自愿协议的现实阻碍。国家污染报告缺少相关数据的收集，公司自行提供的报告，公司可能采取"漂绿"行为，存在数据不真实，报喜不报忧等潜在的可能性，无法有效地支持绩效评估或报告内容缺乏可信度。再者，外部人员无法得知表面看起来颇有成效的自愿协议是否是由于公司本身生产规模减小、技术创新或者公司在参与协议之前决定改善环境等部相关因素所致。因此，如何对自愿协议本身所产生的效益进行有效评估也是阻碍其发展的主要因素之一。

第五，财政资金激励效率需要进一步评估。自愿协议往往是以财政资金为支持的，这意味着治理机构对于环境绩效"领跑"企业的资金激励是有限的。此外，为了吸引更多的企业参与到自愿项目中来，项目本身所设定的企业进入门槛相对较低，具体要求也不会很高。这一特性决定了自愿协议项目不能取得显著区别于同类企业的环境绩效的改进。

总而言之，环境自愿协议在一定程度上弥补了传统环境管制的缺陷，但其自身的局限性也决定了这种方式不能够完全取代后者。几乎在世界上同时开展的自愿协议的实施表明这种新型环境治理模式仍旧任重道远。

第4章

供给侧自愿协议项目
整体设计的路径分析

到底是什么因素驱动企业参与到环境自愿协议中来？效益的提升是大多数企业进入自愿协议的重要考量。而实际上，企业的进入动机是复杂多样的。只有对其选择参与协议的驱动机制有一个清晰的把握，才能制定并实施合理有效的自愿协议计划。

4.1 自愿协议是企业节能减排的驱动力之一

（节能）驱动力是指推动采用能源效率和成本效益技术或做法的因素，即影响部分企业或部分决策来推动其向能源效率转变。驱动力不仅促使其实现能源效率改进，还能减少消极的环境影响，自愿协议是多项驱动力之一。以下是驱动力的具体类型。

4.1.1 自愿协议（voluntary agreements）

这一驱动力来自于政府公共政策或不同企业之间的合作。自愿企业签订激励新技术使用并会带来能源效率好处的合同。由于企业在应对政府提高环境治理的要求上具有充分的自由，因此，此种形式成功可能性较大。自愿协议在工业化国家已成为一种工业能源效率改进的新途径，协议在政府（或其他管制部门）与私人企业、企业协会或其他组织之间签订。协议内容取决于双方协商，私人方承诺实现诸如能源效率改进、减排等目标；政府方则承诺提供资金方面支持或者减少管制活动。

4.1.2　法律监管（规则和标准）带来的效率（efficiency due to legal restrictions, regulations and standards）

严格的环境监管以及合规成本会迫使企业采用新型举措。作为一种义务，尽管其对于真正提高企业环境意识和相应的管理作用有限，对于克服企业惰性仍是一种非常重要的驱动力。政府可以通过规则和管制如制定环境和安全标准来进行干预来激励企业。此外，环境监管可以通过提高环境合规成本等形式迫使生产者和消费者将环境成本内化到能源产品和服务的价格中去。进而环境成本可以向市场传递价格信号以增加对能源效率的投资。

4.1.3　绿色形象（green image）

对于企业来说，拥有一个好的形象至关重要。企业面临着来自非政府组织的压力。社会团体、环境组织或其他潜在的游说团体可以推动公共意见支持或者反对公司的环境政策，媒体有能力影响社会对公司的评价。此外，许多供应商还面临他们的顾客的压力，其中一些外部压力可以成为其改进能源控制的机会。更重要的是，这些压力可以被顾客所吸收。事实上，客户可以根据企业在追求能源效率可持续性目标和成果来对企业给予一定溢价或折扣，因此，企业开始考虑将绿色技术和实践作为通过管理开发商业契机的途径。由于公共利益与商业战略紧密结合，对企业环境状况的积极或消极的公共意见是影响企业经营方式的重要因素。同样在环境领域，社会压力和社会接受度成为影响可再生能源使用的重要因素，而随着公共舆论更加关注环境问题，这一驱动力更显得尤为重要。

4.1.4　长期能源战略（long-term energy strategy）

长期能源战略对于公司的绿色管理和绿色供应链十分重要。事实上，这一驱动力可以通过绿色供应链管理来消除或者减少消极的环境影响，增大能源和环境管理体系成功可能性，并激励能源效率投资。恰当的长期能源战略可以激励创新以及更有效率的企业资源配置。

4.1.5　竞争意愿（willingness to compete）

企业主要投资于其核心业务并偏好提高其市场地位。因此，与能源效率问题有关的竞争意愿可以促进其在该领域的投资。竞争意愿还会影响其他驱动力的增长如资金激励等。

4.1.6　具有真正追求和承诺的管理（management with real ambition and commitment）

如果将企业视为会产生冲突的政治体系，在企业内没有足够的关注能源问题的力量的情况下，能源效率很可能被视为一个次要问题。因此，在进行相关管理时能够对能源效率改进有一个清晰的愿景可以提升能源效率并克服存在的阻碍。因此，企业通过管理手段实施主动性的环境战略以减轻公司活动对环境的影响也会对能源效率产生影响。

4.1.7　具有真正追求的员工（staff with real ambition）

该驱动力授予员工实际权力，并激励其更加关注客户需求。良好的沟通和培训有助于压平并反转组织的金字塔。技术的应用与实践也依赖于员工的积极性。从行为角度来看，拥有具有真正抱负的员工成为展示企业目标和前景时的强有力的工具。此外，还可以通过更恰当地运用包括能源在内的各种资源以提高企业效率。

4.1.8　能源关税提高（increasing energy tariffs）

当面临能源效率问题时，企业首先想的是如何降低能源成本而不是节约能源；当企业面临高昂的能源价格时，首先考虑的是产品总成本中能源成本所占比重。由于能源成本在最终产品成本中比重往往较小，因此企业对于提升能源效率的投入也常常不足。因此，提高能源关税是一种通过包括提高能源价格的威胁在内的经济手段来提升能源效率的方式。

4.1.9 降低能源使用以节约成本（cost reduction from lower energy use）

这一驱动力与市场相关或者取决于企业外部的市场状况。该动力可以通过政府降低对低能源使用的征税或者从客户角度来推动企业减少能源成本来实现。但需注意的是，这种方式完全是内部动力，取决于公司的实施与否。

4.1.10 公共投资补贴（public investments subsidies）

补贴和贷款是实现能源节约的重要金融工具。旨在促进节能项目实施并推动能源服务市场发展的基金的设立可以成为市场中无差别化的起步基金。对企业的补贴往往通过政府政策实现并对更高效率的投资提供支持。这一驱动力的主要目标是支持公共和私人部门的环境项目，减轻经济活动对环境的消极影响。

4.1.11 私人借贷（private financing）

即公司可以从金融机构获得的贷款。在特定标准和条件下，金融机构可以对投资于能效项目的指定公司提供较低贷款利率，从而克服了资本、严格的还款标准以及其他经济阻碍。此外，私人借贷还包括了第三方融资，第三方为节能举措提供资本并向受益人收取与部分能源节约成果等同的费用。这种融资方式可以覆盖部分或全部节能项目初始成本，因此企业可以利用能源节约的财务价值回报第三方从而将投资成本限制在一定范围内。

4.1.12 管理支持（management support）

企业不对能源效率进行投资往往是因为其缺乏能效项目管理能力，包括项目的发展以及后续工作。以能源服务公司为例，此类公司会提供能效项目所需要的技术、商业和金融服务，并承担技术风险，安排项目融资以及根据与客户的协议承担信用风险等。此外，当企业在应用新技术却面临时间成本较高的复杂手续时，管理支持可以为其解决此种难题。这一驱动力解决了当能源效率计划项目具有复杂性、模糊性和不确定性时，企业倾向于回避此类项目的缺点。

4.1.13 技术支持（technical support）

新机器或新管理方式的引入往往会带来停工或打乱原有的生产秩序，甚至会持续较长一段时间。这种风险对于能效实践和技术来说尤是。因此，技术支持成为克服此种阻碍的重要驱动力，这种支持可以来自技术提供者、安装者、能源服务公司等，以确保新技术易于实现。

4.1.14 外部能源审计/分项计量（external energy audits/ sub metering）

能源审计是对节约的能源流量进行检查、调查和分析以在不减少产出的情况下减少能源投入。它可以帮助组织分析其能源使用情况，发现能源浪费并可以降低能源使用的领域，设计并实施可行的节能方法，识别设备所有能源流，量化能源使用情况以平衡所有的能源投入。事实上，分项计量的缺乏是使得其难以进行无效率识别并进行干预的重要阻碍。

4.1.15 教育和培训项目（programs of education and training）

缺乏教育和培训项目，提升员工的意识是存在难度的。事实上，当企业在实施能源技术和实践时，如果在其如何有效使用上缺乏必需的知识，相关效率可能不会被充分利用。教育项目可以由技术提供者、制造商或者公司内部组织进行，并根据人员水平和职位将其分为不同层次。教育和培训对象不仅包括业务执行人员，旨在提升生产系统人员意识的管理层以及环保工程师和科研人员也会参与其中。

4.1.16 外部合作（external cooperation）

在与行业部门合作过程中，公司实际上会与其产生自由信息的交换和持续的对抗。通过协作实践，公司可以在其所在领域保持活跃状态且消息灵通。外部合作可以通过与供应者协作、与设计者合作减少或消除产品环境影响以及与客户合作来改变产品规格来实现。此外，企业与能源管理公司的合作有利于提高企业竞争力，其中，对于主要产品的了解包括如何有效率地生产以及如何以此为基础实现良好经营可能成为企业新的核心竞争力。

4.1.17 意识（awareness）

主要源自宣传。提升关于能效重要性的意识是将能源效率置于战略性地位，避免在生产运作和投资中被低估为次要问题的重要因素。

4.1.18 科技吸引力（technological appeal）

技术提供者保持技术装备的吸引力成为公司接受能效设备的重要驱动力。如果节能设备看起来是"现代化的""吸引人的"以及"时尚的"，消费者更可能购买此种技术。这种非经济动力在高收入群体的决策中具有重要地位。

4.1.19 非能源效益的了解（knowledge of non-energy benefits）

这一驱动力可以促进企业做出接受提高能效举措的决策。非能源效益主要包括：改善的室内环境、舒适度、健康、质量、安全以及生产能力；减少噪声；节约劳动力和时间；改善生产控制；提高可靠性、舒适度和便捷性；减少或淘汰设备产生的直接或间接经济效益等。

4.1.20 信息可获得性（availability of information）

为了使最终消费者在其能源消费上做出更加明智的决定，他们应该获得适量的信息以及其他相关信息，包括可获得的能源效率改进措施的信息、（与不采用节能技术）相比较而言的最终消费者情况或者用能设备的技术规格等。政府应当创造适当的条件和激励使得市场运营商为最终消费者提供更多关于能源终端使用效率的信息和建议。信息的公共品属性使得政府或者公众信任的机构需要在信息的提供和传播上扮演重要角色。不同部门和企业的不同特性使其在获取信息的方式上各不相同。

4.1.21 信息清晰度（clarity of information）

与能源效率有关的各种信息都应当以适当形式进行传播。信息应当足够充分以应用于设计并实施能源效率改进项目、提升并监测能源服务及其他能源效率改进措施。

4.1.22 真实成本信息（information about real costs）

如前所述，改进能源效率的努力与能源成本和总生产成本的关系有关。事实上，如果能源价格代表其真实价格，且由于外部性能够影响化石燃料的价格，能源使用者会努力里提高能源效率，随之降低政府的干预。而在能源上的较少投入，加之信息获取成本以及新设备采用成本超过所节约的能源，往往会阻碍企业投资于新技术。内部化外部性不仅仅是环境政策的一项合法原则，还是生态创新的主要驱动力，尤其是当其能够产生长期目标的稳定预期时，如二氧化碳的减少。

4.1.23 信息可信度（trustworthiness of information）

当企业可以获得信息但由于信息来源被认为不可靠时，常常不被采用。信息可信度主要受以下因素影响：来源属性（私人、政府、慈善团体或其他施压组织）；来源的过往经验；与来源相互作用的性质；同事建议；通过专业或社交网络的一系列接触得到的建议或印象等。提高信息可信度可以通过聘用顾问、能源管理公司、保证人等方式来实现。

提高能效的驱动力，可以进一步转化为五个战略驱动力之一：即填补信息和知识缺口；获得正当性；破除资金壁垒；创建利益相关方价值。在企业节能减排的驱动力中，自愿协议对于企业填补信息和知识及经济激励存在潜在的杠杆作用，对于填补信息和知识缺口，创建利益相关方价值存在较弱的激励作用。如表4-1所示：

表 4-1 提高能效的驱动力和战略驱动力

	提高能效的驱动力	提高能效的战略驱动力			
		填补信息和知识缺口	获得正当性	破除资金壁垒	创建利益相关方价值
1	自愿协议	▲▲	▲	▲▲	▲
2	法律监管（规则和标准）带来的效率	▲	▲▲▲		▲▲▲
3	绿色形象		▲		▲
4	长期能源战略	▲▲		▲	▲▲
5	竞争意愿	▲▲			
6	具有真正追求和承诺的管理	▲	▲		▲
7	具有真正追求的员工	▲▲	▲		▲▲
8	能源关税提高				
9	降低能源使用以节约成本		▲▲		▲▲▲
10	公共投资补贴		▲▲	▲▲	▲▲▲
11	私人借贷		▲▲▲	▲▲▲	▲▲▲
12	管理支持	▲▲▲	▲▲		▲▲▲
13	技术支持	▲▲	▲▲	▲	▲▲
14	外部能源审计/分项计量	▲▲▲			▲▲▲
15	教育和培训项目	▲▲▲			
16	外部合作	▲▲▲	▲		▲▲
17	意识	▲▲▲	▲		▲▲
18	科技吸引力	▲▲▲	▲		▲
19	非能源效益的了解	▲▲▲			▲▲
20	信息可获得性	▲▲▲	▲		▲▲
21	信息清晰度	▲▲▲			▲
22	真实成本信息	▲▲▲		▲▲	▲
23	信息可信度	▲▲▲	▲		▲

驱动力是指消除或者减轻一种或多种阻碍的方式。考虑到阻碍之间以及驱动力之间的动态关系，随着时间推移一种驱动力可以克服多种阻碍。

具体的驱动力以及其所能解决的阻碍之间的关系如表 4 - 2 所示：

表 4 - 2　　　　　　　　　　实证研究中的阻碍因素

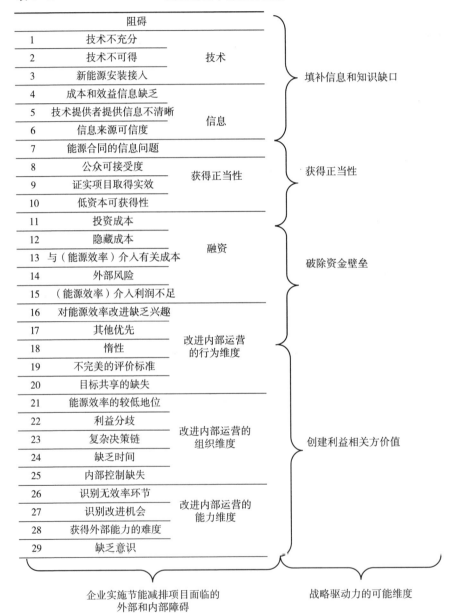

	阻碍		
1	技术不充分	技术	填补信息和知识缺口
2	技术不可得		
3	新能源安装接入		
4	成本和效益信息缺乏	信息	
5	技术提供者提供信息不清晰		
6	信息来源可信度		
7	能源合同的信息问题	获得正当性	获得正当性
8	公众可接受度		
9	证实项目取得实效		
10	低资本可获得性	融资	破除资金壁垒
11	投资成本		
12	隐藏成本		
13	与（能源效率）介入有关成本		
14	外部风险		
15	（能源效率）介入利润不足		
16	对能源效率改进缺乏兴趣	改进内部运营的行为维度	创建利益相关方价值
17	其他优先		
18	惰性		
19	不完美的评价标准		
20	目标共享的缺失		
21	能源效率的较低地位	改进内部运营的组织维度	
22	利益分歧		
23	复杂决策链		
24	缺乏时间		
25	内部控制缺失		
26	识别无效率环节	改进内部运营的能力维度	
27	识别改进机会		
28	获得外部能力的难度		
29	缺乏意识		

企业实施节能减排项目面临的　　　　　战略驱动力的可能维度
外部和内部障碍

4.2 自愿协议制定前的驱动力措施的综合评估

在实施一个自愿协议项目之前，应该对项目实施主体所面临的各方面驱动能力和障碍进行总体的评估，以明确企业已经面临的驱动力，评估驱动力的作用机制及其预期效果，更重要的是，也要明确驱动力的阻碍因素，在这样评估框架下，明确引入自愿协议的类型、机制和具体的实施方式。

下面以美国的建筑业能效提升为例，分析通过自愿协议推进能效改进的路径设计，企业改进能效的战略驱动力（如图 4-1）主要来自两大方面：一方面是强制执行的政策，如国家标准；另一方面则可来自一系列经济激励、认证项目、伙伴计划及公司内项目计划，这些资源计划能够不同程度的帮助企业突破资金壁垒、获得正当性、填补知识、信息缺口，创建利益相关方价值，从而更加高效地推进企业克服困境，将驱动力转化为企业克服困难的动力，从而转变发展战略、生产方式、生产行为、管理方式等，最终达到提升企业能效的目的。

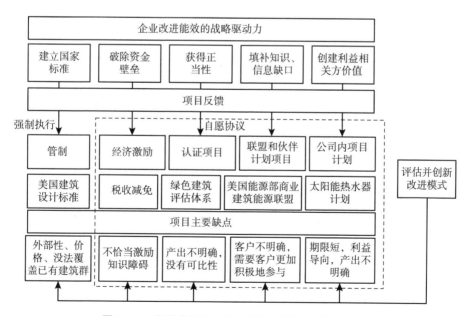

图 4-1 美国建筑业环境自愿协议驱动力综合评估

4.2.1 强制执行的政策及标准

20 世纪 70 年代，为了应对能源危机，美国出台了国家建筑标准，联邦、各州以及各方也出台了一系列法律要求来管理居民和商业建筑的设计和建设。但这一管制体系也存在一些问题。首先，目前能源价格没有包括能源消费的环境和社会成本。其次，由于具体的执行情况并不一致，地区、州和联邦政府的标准也存在矛盾之处，缺乏有利的实施基础设施支持，巡视员腐败，意识缺乏等问题，也导致管制体系没有大幅降低能源消费。再其次，利益相关方都认为现有的管制体系无法为企业努力实现可持续的生产方式提供足够激励。利益相关方、政策决策机构、社区、消费者和企业内部雇员都希望企业能够在法律要求的基准值上，在能源绩效上有进一步提升。最后，建筑标准一般都是适用于新的建筑，大量的已有建筑要想符合新的标准，进行相应的改造升级成本过高，难以承受。

在此种情况下，设计自愿协议项目，可以作为一个抓手，针对以上问题以点带面突破能效改进问题，代表了国家对提高能效政策推进和探索的一个积极回馈。

4.2.2 资金激励情况

2005 年美国能源政策法案提出对美国商业建筑能效税收减免（Energy Efficient Commercial Building Tax Deduction，EECBTD），这是一项典型的补助资金激励计划，为节约的能源量提供每平方英尺房屋 0.30 ~ 1.80 美元不等的税收减免。由于新技术还没有得到市场验证，内在风险性以及实施结果的不确定性，资本市场失灵以及创新市场失灵需要以较高的能源效率投资第一成本。但是这样的激励措施存在两个问题：首先，由于机构破碎化，在一个工程的不同生命周期阶段有不同的参与者，对这些参与者的激励的风险分担存在一系列的错配问题。没有一个企业或部门针对整个生命周期的，基于所有利益相关方的资金激励机制形成整体的认识。因此，一般的资金激励项目可能从某一金融投资类型入手为某个个人或企业节约了资金，但是忽略了建筑工程整个生命周期各类成本和潜在的资金节约的机会。其次，即使资金激励可以为资本和创新的市场失灵问题提供金融激励框架，企业也能够负担相关战略的成本，但却不一定有能力规划实施相关的能效提高措施，因此，须靠克服这些过程中存在的知识壁垒，隐性成本以及能效改进措施结果不确定性等问题。资金激励项目配合其他自愿项目来为应对这些内在的障碍提供更多的保障可能是较为有效的方式。

4.2.3 自愿认证项目

在建筑节能领域的自愿协议主要有美国绿色建筑委员会的能源与环境设计领先计划（Leadership in Energy and Environmental Design，LEED），以及美国环保署和能源局共同推出的能源之星计划以及美国采暖、制冷与空调工程师学会的建筑能源评估计划（Building Energy Quotient Program）。目前很多的研究表明参与自愿类认证项目的驱动力在于提升企业的组织正当性（organizational legitimacy），即与社会建立的名誉、价值观、信仰和定义系统相一致。在产业链条上离最终产品越近、最易受到来自消费、社群等外界压力的企业越有动力参与自愿项目。自愿项目能够帮助企业提升公众认可程度。企业参与自愿协议项目能够为企业获得正当性，从而获得发展上的战略优势，但这一战略优势并不等于企业就实实在在的实现了高效减排。

4.2.4 能效改进的联盟与伙伴关系项目

在过去的 30 年中，区域间、国内以及国家间的联合与伙伴关系项目得到快速发展。作为一种政策尝试，联盟与伙伴关系的形成旨在识别和利用供应网络中的参与者，可比较的其他企业甚至竞争者，以缩小在能源效率商业建筑的开发过程中存在的知识缺口。

以商业建筑能源联盟（Commercial Building Energy Alliance，CBEA）为例，作为美国国家级且规模最大的能效联盟，于 2008 年发起设立，该全国性网络覆盖了与美国国家实验室以及其他联邦机构合作提升零售业、房地产业以及医院建筑行业能效的企业和非政府部门中的相关部门。CBEA 有 150 个会员企业，占据了美国各个行业 17% ~23% 的市场份额，覆盖90亿平方英尺的建筑空间。诸如此类的集体组织对会员企业来说代表了一种机会，即通过组织内部知识的共享以实现组织的变革。

联盟区别于传统的信息或知识驱动项目之处，在于他们是通过影响建筑项目的整个生命周期来努力解决基于知识的阻碍。而诸如信息册或者深入的能源审计计划在提升能源效率方面导致的较为混乱的结果也反映出项目未能解决组织内部的学习缺陷，根深蒂固的知识缺口以及参与者之间一系列激励补偿关系等问题。而联盟网络则可以更有针对性的解决以上问题。

第一种形式是降低与节能措施有关的原型样品开发成本（prototyping costs）和风险。参与到联盟中的企业共同承担投资于未经证实的能源效率项目所面临的成本和风险负担，可以集体地以更具效率的方式对技术和战略进行实验。

第二种形式是基准知识。能效组织可以以其他成功（和非成功）的组织为基准以评判自身能效战略，从而确定其关于能效水平的承诺在它的竞争者、利益相关者以及政府机构看来是否充分。这一知识的获得对外可以用于向利益相关者推荐能效提升策略，对内可以获得更多内部领导层的支持以推进新的且可感知风险的节能举措。

第三种形式是用标准和规格来引导能源效率产品的制造商。即联盟会员通过节能产品标准和规格的开发和公布对制造商形成联合优势，使后者生产会员企业以愿意支付的价格购买相关产品。每个会员企业必须同意所使用的产品遵循统一规格。这一规定可以促进相对渐进式的创新，从而满足任何会员的最低目标。

需注意的是，联盟网络的目标如果是缩小知识缺口并最终促进创新，那么应当促进何种类型的创新成为联盟与伙伴关系面临的关键问题。例如，在网络中普及的知识类型很可能不具有竞争性价值，而仅仅提供增量性的改进。又如，在一个卡特尔中，联盟网络可能真正促进一种合谋，即在成员都同意将能效目标维持在一个合理水平，在不过分强调组织的改善能力的前提下维护利益相关者的公信力与合法性。

当然，这种联盟网络也存在其局限性。即获得并践行新知识需要花费大量时间和投入。许多组织的报告称缺乏足够的资源、时间或者专业知识以完全致力于该项目。而在实证研究中对于此类项目的成果也应该通过对网络中组织之间的角色以及各组织分享的知识的范围和类型加以考察以评估。

4.2.5　能效改进的内部企业项目

2007 年末，一家全球性媒体公司 Major Media 的环境科学与技术团队，向该公司决策者提出一项关于能源削减项目的建议。该项目结合了多种政府支持的金融激励措施，希望通过采用更具能源效率的太阳能热水器以成本合理的方式降低公司的能源消耗。此外，这一项目亦符合公司的内部碳减排任务。尽管是通过成本节约和合法性收益来提高股东价值的内部尝试，公司高管拒绝了这一提议，取而代之选择了南美洲的一项碳抵消项目。而在这一项目中，几乎不包括自愿项目，与企业员工联系甚微，且对于公司设备没有资本改进。尽管不采纳太阳能热水器项目对企业来说可能是正确的选择，但是在决策过程中对所有能源效率的自愿项目缺乏一个全面审视使得太阳能热水器项目失去了与其他项目比较的机会。而从另一角度来看，尽管该项目的结果是以经济利益为驱动做出的决策，但对于基本的战略驱动力却缺乏明确的反应，忽略了诸如正当性、知识缺口以及对股东价值的提高等方面。

首先从知识缺口的角度来看，管理人员一直面临从何处获得必要的技术系统的来源，谁来安装、调试并维护新的系统，该如何将一项新技术纳入公司现有设施中加以运行，哪些指标可以用来计量新技术的绩效以及企业声誉会在该项目中受到何种影响等问题。为解决这些技术缺口，地方政府、技术承包商和制造商之间的伙伴关系或许可以提供必要保证以解决这些忧虑。其次是太阳能热水器项目缺乏提升股东价值或保本的承诺。这对企业管理人员来说，意味着公司内外部的利益相关者对太阳能热水器改装项目的态度存在巨大不确定性。企业不得不通过企业社会责任小组的正式审查程序，以一种结构性方式来评估每种内部项目是如何解决社会的规范性制度压力。最后，通常在环境压力不明确时，组织往往会通过效仿它所认为正确的同行的理解和行动。在能源效率的案例中，或者通过消除过度消费造成的不良影响来提升股东价值，普遍的理性规范是通过诸如购买碳抵消额等项目，而非通过如太阳能热水器更换等就地能效改造项目来达成目标，因此我们看到的是在对能源过度消费将造成的环境影响不清楚，且公司如何通过内部项目维持正当性并提升环境管理形象不甚明了的情况下公司做出的效仿行为。即该公司服从了模仿压力并采取了其他形式的管理措施，而这些措施在其他公司中已经取得了更大的合法性和接受度。

4.3 对自愿协议作为供给侧自愿减排机制的启示

本部分的分析区别于前文对于自愿协议政策整体绩效的关注，从提升单个项目能源效率的优化入手，将企业能源效率路径选择及其驱动和阻碍因素构建为一个简单的评估分析框架，以美国建筑业能效提升为案例，分析了包括管制政策、各类自愿政策机制对企业能效提升的作用机制，同时也识别了企业在提升能效方面的战略驱动力和面临的具体挑战。

引入这一分析即遵从混合扫描决策模式，在考察自愿协议政策整体绩效的前提下，重点考察少数方案如何实现最优效率。这也意味着仅从自愿协议整体设计的角度评估进行成本效益评估是不够的，也需要回到单独的行业领域和项目本身，评估所有政策作用下的政策效果，以及自愿协议的驱动效果。即在对自愿能效项目进行审视时，需关注企业决策者和政策制定者不应盲目遵循被视为"良方"的降低能耗的举措，对于效率、有效性和可持续性的衡量需要在整个系统和项目层面加以评估。

作为一种相对崭新、精巧的制度安排，环境自愿协议的制度架构体现了全新的治理理念，政府通过契约的方式实现行政目标，而政府也从政策制定、执行和监管的多重角色转变为多个利益相关方构成的治理框架中的一个结点，更多的是提供政策预期、信息有效性及公共利益代理人的角色，自愿协议治理机制通过不同主体的博弈、互动与参与，通过促进信任与合作，来实现行政任务。在供给侧运用自愿协议机制并不是一剂"万能药"，但能够作为一项重要的机制为实现减排、环保目标提供多个维度的驱动力，而是否能够真正促进企业实现预期的减排和高能效目标，则需要回到项目本身，更加合理的寻求适合的自愿协议的模式及制定相应的实施机制，科学合理地设定自愿协议的内容。

而从自愿协议制度整体设计的角度来看，即使实施自愿协议，能效改进也存在非常多的壁垒和阻碍因素需要克服：应该在明晰其作用机制和预期效果的前提下，合理设定切合实际的量化目标，明确实施的战略及实施计划时间表；并且综合利用多种财政、税收、金融工具为企业生产方式的转变提供激励；需要进一步明确其项目风险、违约风险及信誉风险的调控机制；且需要更加明确惩戒条款及惩戒方式，以减少自愿协议机制的"搭便车"、漂绿等行为，保证以相对间接的、非正式的、市场化的方式，来有效实现行政任务。

第 5 章

需求侧自愿协议在环境治理中的运用

几乎所有和环境治理有关的项目都是通过项目融资筹集资金。环境公共事业类项目是否成功关乎其服务区域内人民的环境福祉，这类项目由于环境外部性导致的市场失灵则使其无法有效地获得资金支持，为项目筹集资金是环境金融最初面临的问题，也是诸多融资模式创设的缘起。

传统的城市污水处理、垃圾焚烧、污染地块修复等大型点源治理项目，多为公共设施，项目资金规模非常大。这类大型公共项目融资难度低，由于国家和地方政府都有很好的信誉，在金融市场较为成熟的国家和地区，可以通过滚动基金发放委托贷款，建立担保基金或以发行市政债券等方式融资；发展中国家的项目则主要依赖本国银行或国际发展银行提供的优惠贷款，近期还正在发展 PPP 等股权融资模式。

而对于居民安装太阳能电池板、新型隔热门窗、飓风多发地的建筑加固等绿色建筑项目、建设可渗水路面、农业非点源污染治理、安装汽车尾气处理装置等与大众健康直接相关的非点源污染的治理，则是涉及几百甚至几千个小型借款人的私人项目。这类项目污染源量大、覆盖面广，每个项目资金额度和信用额度偏低，为之单独申请贷款，基本上每一项都是劣质信贷。如何寻找资金来激励人们自愿参与此类项目是环境金融目前面临的最大阻碍。

需求侧自愿协议近年来以一种融资模式在西方得到了发展，目前主要运用于褐色地块治理及可再生能源项目、陆源水污染治理等领域，本部分将详细剖析如何通过需求侧自愿协议机制促进能源使用行为的转型。

5.1 PACE 项目的兴起

安装太阳能板的融资设计成为解决此类中小型项目的范例。2008 年，EPA 的环境金融咨询委员会（Environmental Financial Advisory Board，EFAB）通过发行自愿改善环境债券（Voluntary Environmental Improvement Bonds，VEIBs），美国能源部（Department of Energy，DoE）称其为房屋评估清洁能源计划（Property Assessed Clean Energy，PACE），来为太阳能源改造的前期投资提供资金，并通过纳税人的房产税为能源改进付费。

这一创举最初发端于加利福尼亚州。以一种基于税单融资（On Tax - Bill Financing）的方式，蒙特雷湾地区政府联合会（Association of Monterey Bay Area Governments，AMBAG）于 2006 年的区域能源计划中首次提出 PACE 的构想。而在 2008 年伯克利市试点项目开展不久，加州出台了一项法律，允许该州所有地方政府都开展类似计划。同年 8 月 28 日，帕姆迪泽特城的能源独立计划（Palm Desert Energy Independence Program，PDEIP）得到正式批准，标志着 PACE 项目的第一次全面执行。2009 年 1 月，加州索诺玛县批准了索诺玛能源独立计划（Sonoma County Energy Independence Program，SCEIP），该计划于 2009 年 3 月正式运行。尤凯帕地区也紧随其后，于 2009 年 8 月推出尤凯帕能源独立计划（Yucaipa Energy Independence Program，YEIP）。除加州以外，科罗拉多州也颁布了类似政策，其他州也陆续开始通过类似法律。截至 2010 年，已有七个城市实施类似计划，其中有五项位于加利福尼亚州，见表 5 - 1 所示。

表 5 - 1　　　　　　　　　　2010 年美国 PACE 项目

城市	项目名称	开始日期	借贷条件	项目要求		
				能效审计	能效投资	基于信用
加州伯克利市	第一伯克利	2008（试点）	20 年以上 7.75%	否	自愿	否
加州帕姆迪泽特	帕姆迪泽特能源独立计划	2008 年 8 月	20 年以上 7%	否	自愿	否

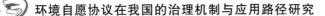
续表

城市	项目名称	开始日期	借贷条件	项目要求		
				能效审计	能效投资	基于信用
加州索诺玛县	索诺玛独立能源计划	2009 年 3 月	20 年以上 7%	2011 年 7 月后，是	2011 年 7 月后要求 10% 的最低投资	否
加州尤凯帕	尤凯帕独立能源计划	2009 年 7 月至 12 月	20 年以上 7%	否	自愿	否
加州普莱瑟县	m 力量普莱瑟	2009 年 5 月	20 年以上 7%	是	自愿	否
科罗拉多州博尔德县	气候智慧型贷款项目	2009 年	不超过 4.5%（符合条件的收入）或 15 年以上 7.75%（开放）	是	否	部分
纽约州巴比伦	长岛绿色家园	2008 年	10 年以上 3%	是	自愿	否

5.1.1 加州帕姆迪泽特"能源独立计划"

2008 年 7 月，帕姆迪泽特城市委员会建立起第一个居民 PACE 项目。项目初始资金包括 250 万美元的城市一般基金和来自城市重建局的额外 250 万美元资金。这 500 万美元的初始金额按照最高利率为 7% 的方式计息。2010 年 2 月，另外 600 万美元被投入到该项目中。

帕姆迪泽特的董事会报告确立了 PACE 贷款的批准要求。在 PDEIP 的"太阳能体系"中，加州能源委员会要对太阳能安装项目进行评级，对于安装计划的投标必须由项目负责人进行审查。高于正常利率（由该城市决定）的安装价格要求进行额外报价，从而消除以欺骗性方式抬高安装价格的行为。项目参与者限定在帕姆迪泽特城的居民，居民需要进行房产税的评估，且没有拖欠付费的历史记录。房产的价值利息比是用房产的估值与对房屋现有特殊估值（包括对街道、照明、公园、学校等的估价）总和之比，加上能源独立计划的股价，这一比值需要低于 10:1。申请者不需要提交信用核查、抵押贷款余额的审查或者收入核查等信息。

相较于加州全州的平均水平，帕姆迪泽特安装太阳能板的住户每户瓦特数（Watts per owner-occupied household，W/OOH）随时间发生较大波动。其中，每户瓦特数的季度值从 2008 年第一阶段的 1.13W/OOH 上升至 2008 年第三季度的 5.61W/OOH。2009 年最后一季度出现了一次显著下降，这一状况可以由于恰处于资金启动期和 2010 年 2 月的新融资时期之间。尽管没有申请者被拒绝，这一时期却产生了一份等候批准的申请者名单，等待可能的额外融资。而不希望列入等待者名单的客户则推迟了太阳能系统的安装。

美国联邦住房金融局 FHFA 的 2010 年 6 月的公开信要求将 PDEIP 项目暂停两个月。来自帕姆迪泽特雇员的报告估计随着 FHFA 的暂停命令，PACE 的申请将下降 75%。从 2011 年开始，这一项目在新的指导方针下继续存在，即 PACE 贷款的申请者在获得批复之前需要先获得抵押权人签字批准。这一规定使得 2010 年第三季度后的 PACE 操作变得混乱。

5.1.2　加州萨诺玛县"能源独立计划"

SCEIP 发起于 2008 年 8 月，于 2009 年 1 月由当地委员会批准，并在 2009 年 3 月收到第一份申请。从 2009 年 1 月到 3 月，60 天的推广使得地方太阳能安装公司和行业组织得以向潜在消费者进行充分宣传。SCEIP 下，PACE 的最高利率为 7%，参与者仅限于该县居民，他们的 PACE 贷款额和其他贷款或抵押额之和不超过房产价值的 110% 且正在缴纳房产税和偿付抵押贷款。对于无任何条件而拥有财产的房主来说，他们的可借款额被限制在房产价值的 70%。项目对参与者没有信用核查或者最低收入等要求。2011 年 6 月 1 日，SCEIP 要求参与者至少贡献出贷款的 10% 用于能源效率改进项目，如改造房屋的绝缘性或者窗户，除非该家庭在能源评估中估价极高。

SCEIP 的支持者已经公布了一系列研究，表明环保工作和 SCEIP 项目显著的关联性。这些报告提供了来自当地太阳能安装公司和客户的实例证据。早在 PACE 项目之前，萨诺玛县展示出高于正常水平的 W/OOH 值。但是，太阳能的安装确实在该项目期间显著增加。

在 2010 年 FHFA 的公开信之后，SCEIP 要求 PACE 贷款申请者在获得

PACE 贷款审批之前，获得来自抵押权人的签字许可。这导致了 2010 年第二季度后的太阳能安装数量开始不稳定。

5.2 PACE 的项目运作模式

图 5 - 1 描述了 PACE 的基本运行流程。

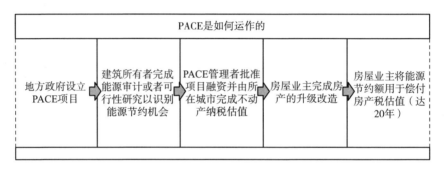

图 5 - 1 PACE 运作模式

在加州伯克利市长汤姆贝茨的最初构想中，PACE 项目主要用于鼓励房屋业主安装太阳能板来减少碳足迹。安装太阳能电池板将花费 2 万 ~ 4 万美元，如果采取向银行直接贷款方式，以 8% 利率向银行贷 5 年贷款，房主每月需交 417 ~ 835 美元。但是，当房主卖房之前，必须将贷款付清，房子卖出后，太阳能电池板则需要留给新房主，这种情况使得项目前景并不乐观。

因此，市场制定了一项能够使有意愿参加该项目的房主都能购买太阳能电池板的计划——发行市政债券来筹集太阳能电池板的资金，债券通过房主不动产的纳税评估进行偿付。太阳能板使用寿命为 20 年，因而这座城市发行了期限为 20 年的债券。这使得房主每月偿还资金将至 134 ~ 267 美元。更重要的是，当房主卖房时，税收留置权和太阳能电池板都可作为原房主的资产。因此，新房主在享受太阳能电池板带来的好处的同时，也将支付相应的费用。这使得伯克利市在启动项目的第一年就获得了超额认购。

尽管图 5 - 2 的模式在美国的多个州得到了政治和法律上的支持，但是抵押贷款的问题使其遭到了联邦国民抵押贷款协会——美国最大的专门运作由联邦住房委员会或其他金融机构担保的住房抵押贷款的金融机构的反对。该协会认为这一计划通过二次抵押增加了抵押贷款人的风险。如果业主拖欠抵押贷款，PACE 计划会让各县优先偿还贷款，因此出于对贷款人资金安全的考虑，他们不会为参与计划的房产提供抵押贷款。这一禁令使得多个州的计划面临停止的局面。尽管之后加州州长对联邦住房金融管理局（Federal Housing Finance Administration，FHFA）、房利美以及房地美提起了诉讼并胜诉，但经后者上诉后法院推翻了原判决。此后一个月，州长和财政部长比尔·洛克采取发放贷款损失准备金的补偿措施，用以补偿因 PACE 违约造成房屋贷款的借方损失，意在缓解房利美和房地美对 PACE 的债务风险的担忧。但根本矛盾依然存在，PACE 前景依然不明朗。

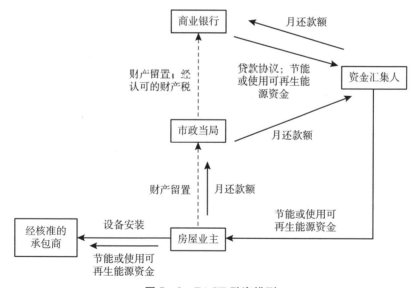

图 5 - 2　PACE 融资模型

为了解决以上问题，该计划在 2010 年进行了改进（如图 5 - 3 所示），如从住户领域转向商业领域，将资金来源变更为收益债券、地方财政资金或联邦基金等。

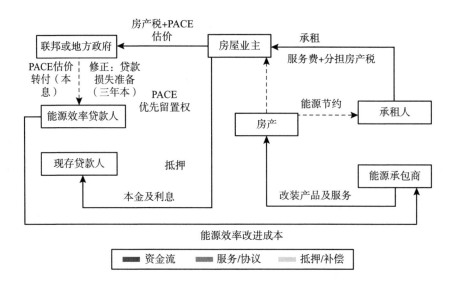

图 5 – 3   改进的 PACE 架构

在本书即将定稿时，根据《资产支持简报》（*Asset – Backed Alert*）——跟踪证券市场媒体的报告，联邦住房金融局已经与银行达成协议，允许房利美和房地美购买附有 PACE 质押权房屋的抵押贷款。

5.3   PACE 应用的拓展

环境金融咨询委员会在 2009 年的一份报告中指出，自愿改善环境债券或称房屋评估清洁能源计划能够支付一系列的环境治理所需资金，不仅可以用于提高能源效率，也可以用于治理空气污染和非点源水污染等其他需求侧的环境治理项目。在加州开展的能源独立计划中，于 2009 年尤凯帕地区开始实施的 YEIP 项目尽管指导方针与 PDEIP 的结构和措辞大同小异，但是除了安装太阳能和节约电能外，该计划还增加了对水资源保护的融资努力。

而这种融资模式的支持在多元的环境治理中又是十分必要的。以应对飓风和龙卷风等灾害性天气事件为例，需要加固建筑物以增强抵御能力，因此要求需垫高房屋使其能够承受洪水引起的高水位，而实现这种改造每所房子上大约需要花费 15 万美元。这些改造都是没有选择余地的，因为如果不改造，就没法办理洪水保险；而如果房屋没有洪水保险，又无法申请抵押贷款。很多人是无法承担这些改造费用的，都需要一定的帮助，当地政府很自然就会启动类似于房屋评估清洁能源计划，帮助房主支付这些改造费用。

5.4　避免违约与增信机制

当前，多数自愿协议的重要步骤在于政府介入低评级借款者和信用市场之间进行调节，但是政府本身能够避免违约么？一旦违约发生，政府又从哪里拿钱来弥补？

自愿环境改善债券项目可以通过将其偿付义务和对他们房屋或农场的纳税评估联结到一起，从而减轻其信用风险。有两种策略可以来为此类项目提供保障。其一是以租赁代替贷款。如果是一项贷款项目违约，借款者就需要上法庭，这是一个时间更长、花费更多的过程。租赁项目意味着，如果一个拖欠款项，很快就会有其他的用户来代替，为这项租赁继续付款。第二种策略则是债券超额抵押（Overcollateralization），或称为自筹资金储备（Self - Funded Reserves，SFRs）。采用债券超额抵押也叫做自筹资金储备。通过将股权（或至少其中的一部分股权）替换为自筹资金储备，可以极大削减某一项目的年还款额。美国的市政收益债券（Municipal revenue bond）通常是这种结构。自筹资金储备就是借款人为预防自己违约而设立的储备金。在美国，每个项目的自筹资金储备都是单独完成的。例如，如果清洁水工程系统发行债券，他们通常在本金中增加相当于一年的利息的费用，并将其交给信托人。主要为了防止如主水管破裂这样的短期的意外，这类问题可能会相当严重，有可能耗尽企业所有的现金留存和为支付下期年度债务而保留的资金。在这种情况下，当信托银行并没有如期收到水处理公司偿还的资金，就可以使用预先准备好的储备金。理论上，一旦系统得到了维修并且将其财政状况恢复到井然有序的状态，还应该重置使用掉的储备金。

气候变化基金的情况稍微有点不同。刚才所描述的机制在美国只适用于一个项目和一个债券的情况，而气候变化项目的一个基金由上百或更多的项目所组成，该机制将会用于整个基金层面。每一个项目将为储备基金贡献 10% 的份额，在这种情况下，形成了一个共同储备基金（common SFR）。在上面的例子中，储备基金存在保护机制来对抗借款人的拖欠行为。在这个气候变化案例中，每个借款人的储备基金防范的是组成基金的这些项目中每一个人的违约风险。因此，在我们的例子中，这 100 个项目中的每一个人都将占有一份共同（自融资）储备。

自筹储备基金本质上就是一个放置在账户中防范违约的超额借款。因此，如果一个项目的成本是 1000 美元，借款人借入了 1100 美元，将额外的 100 美元放置在一个托管账户中。自筹资金储备分摊在借款人年还款额之中。虽然增加了借款人的成本，但并不像股权增加得那么多。如果一个借款人借了 1100 美元，将其中 100 美元放入托管账户中——而不是使用 10% 的股票——他的年还款额会提升至 88.27 美元，但是远少于使用但是远少于使用 900 美元债务和 100 美元股权情况下 97.22 美元的成本。

自筹资金储备还有两个额外的好处。随着时间推移，自筹资金储备会提供给债券投资者额外的损失保护。自筹资金储备投资在有利息的账户中会不断增长。另外，由于每一个贷款的偿还额都由借款人支付，贷款的未偿还本金余额会下降。随着时间推移，储备金在增长，同时未偿还本金余额也在减少，两相结合能够显著地降低投资者的损失风险。

5.5　评价和结论

从融资结构的设计来看，PACE 的支持者认为这一项目具有显而易见的优势。首先，作为一项自愿协议，除非房屋业主愿意，其税款不会增加；其次，所有能源效率的改进和评估都与财产挂钩，因此房屋出售后的新房主都能够受益并仅需支付自己应付的费用；再其次，它尽可能地延长了还款时间，有效解决了期限错配问题，从而降低了年还款额，使得更多居民能够负担得起。而对房屋业主或企业来说，投资于能源效率或清洁能源项目的便捷化将减少其对非可再生能源的依赖，并且有更多的能源用于地方经济建设。

反对者的顾虑也直至该项目存在的风险，例如 PACE 可能引致的抵押贷款的不安全性——PACE 贷款对于抵押房产的优先权，意味着当违约发生时，抵押权人可获得的抵押贷款价值比例将降低。在加州，清洁能源产品的平均安装价格和取消赎回权的抵押权人的损失上限之和约为 37899美元。

事实上，对于 PACE 的争议焦点在于其是否真正实现的环境项目成本的降低，而这也是中小型点源项目能源效率提高的核心路径。

与传统融资方式相比，PACE 通过授信方式至少从两个方面降低了总体成本。首先，PACE 贷款可以通过房产出售的方式转让，从而提供了一种抵御风险的分散方式。一般来说，无法分散非系统性风险以及对太阳能安装的基础能源成本和有效性的双重不确定性使得个体提高了其投资的要求报酬率。传统的融资形式要么要求按照系统价格依销售完全偿付（无论家中资产负债表是否平衡），要么由安装户主持续为安装系统付费，甚至在房屋出售之后也要持续付费。因此，房屋业主可能会感到束缚于此项投资之中。尽管 PACE 贷款不允许太阳能在传统市场层面被出让，但是不存在加速条款（加速条款要求支付基于房产出售的全部贷款额）可被视为降低投资风险的一种方式。甚至在相似的利率水平，拥有更低风险的贷款更受青睐。此外，如果一项投资未能实现收支平衡，考虑到可以转让一项"失败"的投资，潜在的购买者可能不会将这一情况（如果他们已知）作为参考因素纳入到报价之中。

第二项可能的机制源自借贷双方的信息不对称。传统贷款人在计算借款人相对于贷款额度的收入时，一般不会考虑由此节约的电费。一项能效投资每月可使借款人节约 100 美元；然而，被视为可用于偿付贷款的借款人的收入通常不会随着预期电费节约而增加。此外，由于在公布的估计数字和有效性的不确定性等方面缺乏互信，与贷款人就潜在的资金节约进行交流十分困难。PACE 贷款避免了以上问题并可以降低与太阳能安装的担保融资相关的固定成本。

第 6 章

我国环境自愿协议进展和对策建议

6.1 我国自愿协议发展概览

环境恶化的现实问题与中国政府大力度开展环境治理的决心使得选取恰当有效的治理工具成为目标实现的重要一环。作为一种新型环境治理政策工具，自愿协议以其区别于传统强制性手段的方式成为解决当前环境问题的可能选择。在中国，自愿协议目前广泛应用于节能减排的目标设定上。其主要形式为重点的污染和能耗大户企业，联合起来在政府引导下设定节能减排目标，并在自愿协议约定的期限内完成制定的目标。

在过去几十年间，自愿协议实践在西方国家实现了快速发展，而在我国尚属于起步阶段（我国相关政策见表 6 - 1）。目前，强制性管制依旧是我国主要环境管理手段，即基于法规制度和标准的指令性控制手段，并辅之以经济方法和信息方法。尽管如此，实施自愿环境政策手段是我国环境政策的必然选择。它将与控制性手段互为补充。第一，我国幅员辽阔，中小企业数量大且分散，致使污染物排放同样呈现出单量少、总量大的特征，从根本上减排仅依靠环境法规是难以实现的。而近 20 年，我国环境质量整体还在恶化，说明原有的管理手段的制度边际收益递减，已经不能有效发挥作用。第二，作为发展中国家，经济发展仍是当前我国首要目标。尽管环境法规日趋严格，反映出环保当局的治污决心，中小企业的违规成本仍相对较低。第三，当前我国制度建设仍不健全，较高的监管成本和公务员执法不严的道德风险时有发生。为提高环境管理效率，用较少的财政投入获得更高的环境管理效益也说明自愿协议有其存在和发展的必然性。第四，随着经济全球化的不断发展，国内外企业合作交流日益密切，国际市场对我国企业和产品的环境管理要求也日益严格。自愿协议作为与国际接轨的环境管理手段将成为企业管理和发展战略中的重要组成部分。因此，在继续实施强制性措施之余，积极开展倡导和运用鼓励式方式，以更为灵活的方式，激励企业实施与现行环保法规标准更高的环境管理是实现我国环境保护与经济发展相协调的重要思路。

表 6 - 1　　　　　　　　　我国关于自愿协议的政策法规

时间	部门	法律法规、制度规章	内容
2003 年 1 月	全国人民代表大会	《清洁生产促进法》	该法对清洁生产要求分为一般性要求、自愿性规定和强制性要求三种类型。其中，自愿性规定主要是鼓励企业自愿采取行动实施清洁生产，在企业达到国家和地方规定的排放标准基础上，需与有关部门签订节约资源、削减污染物排放量的协议。
2005 年 1 月	国家发改委	《节能中长期专项规划》	《规划》要求探索积极建立适应市场经济要求的推动能源节约与资源综合利用的新机制，其中包括企业自愿协议。
2006 年 4 月	国家发改委、国家能源办、国家统计局、国家质检总局、国务院国资委		国家发改委等五部委联合发文，开展"千家企业节能行动"。行动的主要内容是千家企业承诺自觉提高能效。政府对于这些企业给予必要的指导和帮助，并对能效显著提高的企业予以总结、推广和表彰。
2008 年 4 月	全国人民代表大会	新《节约能源法》	第五章第六十六条中明确指出"运用国家财税、价格等政策，支持推广电力需求侧管理、合同能源管理、节能资源协议等节能办法"。

时间	部门	法律法规、制度规章	内容
2013 年 1 月	工业和信息化部、国家发改委、科学技术部和财政部	关于印发《工业领域应对气候变化行动方案（2012～2020 年）》的通知	提出建立健全促进工业低碳发展的市场机制，"探索建立碳排放自愿协议制度，在钢铁、建材等行业开展减碳自愿协议试点工作，制定减碳自愿协议管理办法和奖励措施，推动企业开展自愿减排行动。推动实施《温室气体自愿减排交易管理暂行办法》，鼓励企业参与自愿减排交易"等。表明自愿协议开始向节能目标以外的其他环保目标的实现推进。
2013 年 4 月	工业和信息化部	《工业和信息化部关于进一步加强通信业节能减排工作的指导意见》	"重点任务"的第九条提出要完善合同能源管理和节能自愿协议等节能新机制，"积极鼓励电信运营企业签订节能自愿协议，做好已签订节能自愿协议履约情况的评估和总结，研究制定相关激励政策"等。

6.2 自愿协议机制的实践阶段

自愿协议环境管理在我国尚处于发展初期。1996 年开始，国家环保总局在企业自愿的基础上，在全国范围内开展了环境管理体系认证试点工作，同时，还在全国 13 个试点城市开展了 ISO14000 标准的试点工作，探索了在城市和区域建立环境管理体系以及推进实施 ISO14000 标准的政策和管理制度。

我国节能自愿协议试点项目是中国可持续能源项目"建立中国节能法规基础体系项目"的子项目，它由原国家经贸委与美国能源基金会共同实施，中国节能协会具体组织，美国劳伦斯伯克利实验室提供技术支持。项目自 1999 年 10 月开始实施，到 2003 年 4 月 22 日签署协议，项目已经完成。早在 2003 年初，中国节能协会在对钢铁、建材、化工、有色金属、石化等重点能耗行业进行调查，并对山东、上海、辽宁、河北等省做了比对后，最终选定在山东的钢铁行业开展自愿协议政策试点。2003 年 4 月，在山东济南山东经贸委与济南钢铁厂和莱芜钢铁厂签订了首个节能环境协议，标志着我国已开始实施自愿协议试点。2005 年试点结束时，两家企业的主要节能指标都达到了自愿协议中设定的目标，享受到了政府提供的免予能源检测、国债贴息项目优先考虑、授予荣誉称号等优惠政策，共节能 36.19 万吨标准煤，实现节能效益 2 亿元。在济钢和莱钢的基础上，山东省开始扩大节能减排自愿协议试点范围，涉及青岛、济南、济宁、滨州、淄博、德州等多地市。

2004 年，欧盟委员会亚洲环境支持项目"自愿协议式方法在中国工业环境管理中应用的可行性研究"在南京选取了 29 家企业作为自愿协议试点，进行自愿协议试点意愿调查，分析在中国实施自愿协议的基础，探索在中国开展自愿协议式环境管理的可行性。

2005 年，由发改委/联合国开发计划署/全球环境基金共同发起的中国终端能效项目旨在克服中国在主要能耗部门能源利用效率的障碍，提高能效水平，推动建立起一个可持续的、基于市场的、提高能效的机制，完善综合有效的节能政策法规体系，加强中国在市场经济体制下推动节能的动力。项目包括工业、建筑业、跨行业、监督与评估四大部分。在工业部分中，自愿协议是较为重要的一项内容。自愿协议的近期项目目标是在中国的钢铁、水泥、化工 3 个行业，每个行业至少选择则两家企业签订自愿协议。

2007 年，南京市节能主管部门代表市政府与 10 家重点用能单位签订"节能自愿协议"。该协议旨在完成"十一五"期间万元 GDP 综合能耗下降 20% 的节能降耗目标。石化、钢铁、电力、水泥、机械 5 个行业中十大能耗签约企业年综合能耗总量占南京市工业企业能耗总量的 72% 以上。协议约定由欧盟提供技术支持，中国政府提供相关优惠政策。另外，在扬州、济南等地陆续有企业、高校与政府签署能源自愿协议。

同年 3 月，欧盟"中国城市环境管理自愿协议试点"项目（二期）暨"在中国工业环境管理中实施自愿式协议示范项目"启动，协议规定今后 3 年内，南京、西安和克拉玛依 3 个试点城市的共 14 家涉及钢铁、石化、化工、建材等行业的工业企业，将以每年 3%～5% 的速度自觉减少污染物（CO_2、废水和固体废弃物）排放，并提高能源利用率 3% ~ 5%；量化的目标为截至 2009 年累计节能 18PJ；CO_2 减排 18Mt；节水 1 亿吨。若首批试点成功，该协议将在 2009 年以后向国内更多企业推广。

2012 ~ 2015 年，该项目第三期暨"通过自愿协议式方法提高中国中小企业的能效和环境绩效"实施，重点在提高我国中小型企业的能效和环境绩效。以南京洗染业和荆州纺织印染业为试点，促进中小企业采用自愿协议式方法进行节能减排，其核心目标在进一步推广该方法在中国的应用，量化目标是：南京洗染业 2012 ~ 2015 年间累计节能 1.5PJ；SO_2 减排 4%；NO_2 减排 3%；COD 减排 10%。荆州纺织印染企业目标则分别是以上指标值为 2.5PJ；6%；5% 和 15%。

随着节能自愿协议的不断推进，其应用领域不再仅限于传统的高耗能企业。随着我国信息化建设的加速推进以及互联网、云计算、移动互联网等新技术新业务的蓬勃发展，通信网络规模扩张迅速，通信业能源消耗也呈现出快速增长态势。2009 年 11 月 11 日，工业和信息化部和中国移动通信公司在北京举行节能自愿协议签字仪式。该协议是中国通信产业发展史上第一个节能自愿协议。中国移动承诺，以 2008 年能源消耗为基准，到 2012 年底实现单位业务量耗电下降 20% 的目标。按照上述目标，截至 2012 年底，中国移动将节约用电 118 亿度。2010 年 11 月，继中国移动签署自愿协议后，华为公司与工信部也签署了节能资源协议。按照协议约定，华为以 2009 年发货产品单位业务量的平均能耗为基准，到 2012 年 12 月底实现发货产品单位业务量的平均能耗下降 35%。工信部将积极支持华为参与通信业节能减排标准的研究制定，以及新技术、新工业、新产品的开发、研究成果的示范推广等工作。2015 年 1 月 8 日，国家发改委在官方网站上公布了能效领跑者制度实施方案。该方案由该委联合财政部、工信部等 7 部委共同推出。领跑者计划实施范围包括终端用能产品、高能耗行业、公共机构三类。家电属于终端用能产品。方案明确了变频空调、电冰箱、滚筒洗衣机、平板电视等家电产品将率先实施能效领跑者制度，要求能效水平达 1 级以上。对符合要求的产品，国家正在制定激励政策，但尚未公布具体的补贴方案。

6.3 自愿协议模式

2010 年 6 月，由国家发展和改革委员会提出，全国能源基础与管理标准化技术委员会（SAC/TC20），起草的《节能资源协议技术通则》国家标准正式通过审查（通则内容如图 6 - 1 所示）。作为节能服务领域的第一项国家标准和重要国家标准指定项目，其研制过程经历了充分的调研和研讨工作，并吸收借鉴了我国节能自愿协议十多年的实践经验。该标准的出台体现了政府推动自愿协议的决心，将对用能单位节能减排工作自觉性的提高、节能管理成本的降低以及节能减排工作的深入开展产生积极促进作用。

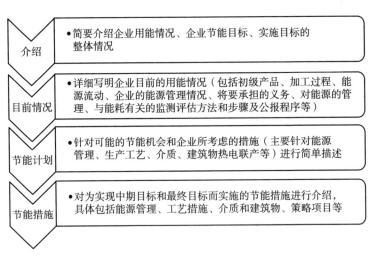

图 6 - 1 企业节能计划内容

6.3.1 参与主体

我国节能自愿协议（合同）由三方签订，即参与企业（甲方）、政府或地方政府（乙方）和第三方（丙方，如各类节能中心或相关协会）。其中，乙方和丙方为甲方提供政策和技术支持，甲方需要根据约定，按期完成中期和终期目标（指与参考年相比，企业单位能耗下降百分比或节能率提升百分比）。

6.3.2　各方权利义务

参与企业（甲方）：符合政府自愿协议项目要求的企业可以自愿申请参加，或者由行业协会推荐、协调。在协议合同书签订之后，参与企业可享受一些优惠，如规避政府为提高能效所制定的更为严苛的法律法规、扩大市场占有率、树立良好企业形象等。同时，企业还需履行诸多义务，如为按期实现设定的节能目标，企业需制定出具体节能计划和节能项目，并认真组织实施；履约期间，每年向乙方和丙方以书面形式提交年度报告；按约定以书面形式提交中期报告和最终报告等。

政府或地方政府（乙方）：主要指政府相关主管部门，如发改委、环保部（厅、局）等。协议签订后，政府必须贯彻或制定支持甲方开展节能自愿协议试点的国家和地方性优惠政策，同时，审查批准甲方提交的节能计划书，并对中期报告和最终报告进行评估审查。根据甲方的协议目标的实现情况，政府授予其某些荣誉，并在媒体上进行企业的经验分享。

第三方（丙方）：如专门成立的政府工作小组或指定的政府机构，最好是具有一定科研能力和技术支持能力的单位。政府可以对第三方自治评定予以规定或者制定符合资质的企业名录。第三方主要负责协调各方关系，包括协调甲乙双方间，以及甲方、乙方与其他相关部门之间的关系。此外，丙方还要完成自愿协议评估工作，并将最终评估结果以书面报告的形式告知甲乙方。

6.3.3　奖惩约束

如果在协议规定期限内，参与企业未能履行规定义务，企业将不再享有国家和地方的一系列优惠政策，对已获得优惠的，应全部退回；若政府或地方政府未能履行规定义务，则企业有权退出项目的执行；若丙方未能履行规定义务，则甲乙方均有权退出项目执行。

6.4 对我国自愿协议深入发展的建议

6.4.1 明确自愿协议机制与其他政策的互补效应

自愿协议在发达国家萌生的前提是法律制度复杂程度增加、环境诉讼激增及政府治理支出的缩减，在工业化国家的政策制定者一般通过这一灵活手段来鼓励企业创造高于强制性规定的环境绩效；而在发展中国家，则一般用来纠正猖獗的不合规行为，弥补实施强制性管制措施能力的不足；强化管制措施的实施能力；降低管制的交易成本以及避免形成对环境管制的"抵抗文化"等。且无论在发达国家还是发展中国家，前期研究都表明，大企业的环境治理和节能减排的交易成本相对较低，而小企业的交易成本则相对较高，环境自愿协议提供的资助和信息平台、环境管理机制对于降低小企业提升环境绩效的交易成本起到了很重要的作用。是对于现有的管制和税费等经济激励手段的一种有效补充。

事实上大多数对自愿协议项目单独进行的绩效评估也表明，自愿协议作为一种补充政策很难单独评估其对环境目标、节能减排目标的直接效果，也不应仅从减排直接效果这一单一角度来评估其成效及影响。自愿协议作为其他正式制度的补充，对于环境治理结构和政府决策机制的改进起到了重要的促进作用。首先，从政府治理的角度来看，可以减少政府部门与企业的对立，缓和非政府组织、居民对企业和政府规制的压力，使企业、行业协会这一类信息优势方，以及社区居民、消费者、非政府组织等可发挥监管作用的相关方在灵活的治理框架下展开合作，实现环境治理和应对气候变化的目标。其次，对于企业来说，企业可以在实现环境约束目标上有一定的空间和时间自由度，可以从承担的环境治理、节能降耗的过程中获得额外的经济收益，并且获得自愿协议提供的信息共享机制，补贴、技术援助等激励，且有利于企业获得其所在地社群及消费者、其供应链上下游企业的认可，从而带来直接的市场收益。

6.4.2　进一步完善供给侧自愿协议的机制设计

尽管自愿协议突破了传统的环境保护模式，为现代环境治理提供了新思路。但是，自愿协议并非解决环境问题的完美手段，多国的前期经验表明，很多企业参与自愿协议追求先占优势的动机往往胜过了企业对于环境绩效、环境领先标识的诉求。其次，从自愿协议的目标来看，现有的自愿协议目标设立的通常过于概括、单一，以至于不存在激励效果。很多目标设定的水平没有代表业内的领先水平，还有一种情况是协议对每个参与公司制定相同目标，过于死板的环境要求使一些协议缺乏其存在的必要性。此外，自愿协议的目标通常缺少严格的规定，没有有效的激励和约束使企业缺乏"非技术创新不可"的动力去实现环境绩效达标。

作为一种集体行动协议，自愿协议也存在搭便车问题。自愿协议的后参与者更容易采取象征性合作方式，从而危害自愿协议的整体有效性。除了搭便车问题，信息的不对称还可能导致漂绿行为的出现，即公司可以选择性披露与环境或社会绩效有关的正面信息，而对负面信息并不进行充分披露。这将会造成掩盖真实环保绩效，误导公众认知等不良后果，从而影响自愿协议的效率。

结合国际经验及模型模拟的分析结果，自愿协议的成功需要一系列的支撑条件（如图6-2所示），例如，已经具备一定的环境法规体系基础，较为完善的标准；产业部门与政府对于中远期、近期的环境目标进行平等交流、科学论证，形成合理的目标设想；有一套健全地、独立地收集、报告体系，保证监测、报告透明公开；公众意识和工业界的压力足以激励企业改善其环境表现。自愿协议机制高效实施的要素则应包括资助计划的可持续性；政府要与产业界协同制定明确可信的目标、实施方案和执行框架，监管信息可靠性，定期、可靠的监测以及可信的执法威胁（见表6-2）等等。

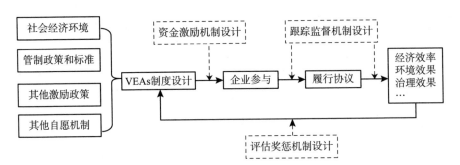

图 6 – 2　VEA 制度与机制研究的整体逻辑框架

表 6 – 2　　　　　　　　自愿项目的设计要素

机制要素	日本	加拿大	澳大利亚
充分的资金支持，资助计划的可持续性		政府资金为参加了相关项目的行业参与者提供补贴；资金和人员提供水平不足	持续的资金支持
与产业界的合作关系	发展产业和监管者之间的关系；在各方之间并不是一直透明的；只关注大型行业	有动力的行业组织之间建立了伙伴关系；协同设计方案	参与者表现的问责制和透明度
关注单部门计划	为地方环境事务设立特别的项目	利用现有的项目目的建立行业特别项目；明确行业和监管者可以执行的框架	设置独立的审计；使各个产业具体的自愿协议达到最优结果
设置可信的目标	推动具体的措施和足量的目标；行业内部设立较低的目标；中小企业可能搭便车	项目试点，发布指导纲领，对于行业参与者的审计和培训，设定具体目标	成熟的详细的目标；明确现状和基线；在设置目标时充分考虑可行性
监管信息和资源	运用可获得的最好的技术	建立资源中心来支持行业参与者（设置评定，技术评估，使用行业专门知识）	标识出环保对参与者的风险实施现实的可负担的行动
可信的执法威胁	对监察和执行承诺没有监管要求不作为不处罚	明确结果的支柱性的法令和监管框架（只对有极大风险的化学品有监管逆止）	参与者对起诉或执法免疫需要采取有效措施来执行
定期和可靠的监测	对于项目的参与者缺乏充分一致的监管	签署了 MOU 两年之后有重估设置对于参与者对项目的遵守，无纠正设置和项目缺点的报告	一个健全的、独立的收集、报导、校对和分析数据的系统；需要有效的监测机制

为此，针对我国自愿协议发展面临的政策基础本书提出以下建议。

6.4.2.1 自愿协议要在明确可监控的目标的同时兼顾差异性和灵活性

明确监控目标有助于增加协议履行的透明性和可问责性，有助于增加协议的约束力。自愿协议工具的运用要与企业所在区域、行业的整体发展目标相呼应，使自愿协议的实施更加具有针对性，且尽可能形成一定时间范围内具体的量化目标，有利于公众监督及项目的绩效考察。但作为一种灵活的政策机制，对不同行业、不同区域、不同规模和技术水平的企业不应以一刀切的方式设定标准，应在一定层面上赋予企业灵活度，从多个维度给可选指标。

6.4.2.2 相关的税费和补贴制度有待梳理和健全，需引入更加多元化的资金激励机制

目前，现有税费和补贴制度存在低效和不公平问题会进一步制约自愿协议效用的发挥。一方面征税标准偏低，对企业的激励和制约作用不足，补贴资金的杠杆作用也有限，很难对企业环境治理的技术创新起到激励作用。未来如何能够引入多元化的资金激励机制，提高财政资金支持的杠杆效应，将资金支持与自愿协议的效率相挂钩，为小企业绩效提升提供更有力度的资金支持等问题的突破进一步提高自愿协议机制的效率。

6.4.2.3 完善利益相关方参与机制和流程优化

当规制机构制定相关的标准或规范时，应引入利益相关方的参与。例如，就标准或规范的草案，向企业、行业协会、非政府组织、社区居民、新闻界、学术界等利益相关方征求意见，并与他们举行沟通会议。利益相关方的参与将有助于增加相关制度设计的合理性和可接受性，使得各方更好地遵从相关规范，实施协议。加强对第三方认证的引导和规范，培育第三方机构市场，由更具专业化、中立性的第三方机构，取代规制机构，以相对更低的成本、更有效率的方式，对实施环境自愿协议的企业及产品予以认证，来评价缔约企业对协议的遵从程度，这将成为企业产品冠以符合协议标识的必要前提。

6.4.2.4　进一步完善成本效益分析、环境绩效评估及监督机制

自愿性环境协议实施本身是有成本的，缔结协议的磋商成本、企业实施协议的成本、政府监督协议履行及不履行后的补救成本和信息成本等，我国在这一方面刚刚起步，要补做的功课还很多。为保证自愿协议的成本效益，建议从三个层面做好项目的规划和评估。首先是政策制定部门从政策整体设计的角度对项目实施的成本效益及实施后的政策效果予以整体评估。其次是在行业层面，应以引入自愿协议为契机，对行业整体的相关管制政策、标准和其他自愿手段等政策的综合效应和存在的问题进行系统梳理，明确行业及其监管者的可执行框架，在此基础上进一步设计行业自愿协议的实施策略。最后是具体的项目层面，建议对多种手段管制激励下的环境绩效、管理机制等多维度指标进行评估，在此基础上，以利益相关方参与的方式来评定自愿协议的驱动路径及其政策效果。同样，协议签订后，如何保证其得到完全的履行，除了以强制手段的使用作为威胁以及提供经济诱因外，怎样通过具体的制度设计防止缔约企业违约，也是我们采用自愿性环境协议必须解决的先决问题。

6.4.3　拓展需求侧自愿协议的运用领域

环境金融咨询委员会在 2009 年的一份报告中则指出，自愿改善环境债券能够支付一系列的环境治理所需资金，不仅可以用于提高能源效率，也可以用于治理空气污染和非点源水污染等其他需求侧的环境治理项目，包括安装太阳能电池板；绝缘材料；新型隔热门窗；即热式电热水器；地热循环；海绵城市的可渗透路面；雨水花园；雨；水管理系统；绿色屋顶；控制农村非点源污染的动物集中饲养系统、动物废物管理系统；水流缓冲区；农业柴油设备更换；飓风或龙卷风多发地的建筑加固；陆源污染的控制；秸秆禁烧等问题。

6.4.3.1　突破"污染者付费"原则，所有人都需要为治理环境付费

首先，需求侧自愿协议设计要突破"污染者付费"的原则，所有人都需要为治理环境付费，污染得越多，支付越多。针对污染源分散，信用低，难以获得贷款支持等治理问题，每个使用者都是直接或间接的污染

者。因此，在需求侧运用自愿协议的领域，需要突破污染者付费这一原则，每个人都需要为维系良好的环境、治理环境污染付费。

在此基础上，好的自愿协议设计是以政策规制与资金激励相辅相成为前提的，例如，首先规定淘汰设备的标准，再对新设备的安装和启用以自愿协议的形式提供激励，做到"胡萝卜"和"大棒"并用。

6.4.3.2　环境治理投融资体系设计至关重要，政府角色亟待转变

决策部门、学术界、甚至媒体以往关注的焦点都是如何制定环保政策，很少聚焦政策资金从何而来。如何高效运用这些资金以确保既定目标的达成，有赖于政府治理理念的转型和治理机制的完善。以往命令控制加财政补贴为主的治理模式主要适用于解决传统的大型工业污染源的污染问题，在面对成千上万分散的小企业、农业非点源污染、亿万的化石能源终端消费者，以及各个地区不断爆发的生态危机与环境退化时，这种模式的治理边际成本正在升高，显现出增效乏力的势头。

中国绿色金融体系的建立意味环境部门将由"直接监管者"向"信息提供者"和"信用提供者"转型。政府部门的主要角色不再集中在设定具体的环境标准并加以执行，而是要明确环境政策、决策最迫切需要的信息，通过最成本有效的方式提供权威的环境信息数据和分析模式，以公众可理解的方式对这些数据进行加工，并以免费的方式向社会公开，从而为全社会监督环境质量变化和环境项目成效提供权威、快捷、界面友好的信息平台和信息充分的环境氛围。同时，无论是以 PPP 模式组织新型环境基础设施的多元化融资，还是为信用额度较低的小型私人部门和环境友好型产品的推广开发新的融资模式，都离不开政府及其相关机构的信用支持。而政府部门作为权威的"信息提供者"及"信用提供者"这二者的角色也是交互促进的。环境项目筛选、决策、运营等各方面信息的透明度越高，政府的信用基础就越有保障；而信用基础越有保障，消费者、非政府组织及企业参与环境监督、治理和与政策落实有关的驱动力就越强。

6.4.3.3　建议建立各级环境金融决策委员会，规划服务地方环境投融资发展

此外，传统条块分割式的治理结构导致环境部门长期以来更擅长处理

单一介质的污染问题，对于具有复合性、跨区域、污染主体高度分散化等特征的复杂环境问题缺乏高效的治理机制，且缺乏与能源、农业、交通、金融、国际事务等部门沟通解决跨部门、跨区域问题的适当协调机制。事实上，在社会经济系统发展日益复杂化的背景下，这也是各个部门普遍面临的一个问题。我国金融监管部门、各类金融机构中具有综合性投资管理能力的机构也非常少见，尤其缺乏能够为环境金融决策提供财政承受能力、税收体系健康度和偿还能力等方面的评估，以及提供成本效益分析、融资渠道筛选、风险分担机制、违约控制机制筹划的具有多方面运营能力的机构。

美国白宫和国会于 1970 年 7 月共同成立了国家环保署，1989 年环保署下正式成立环境金融咨询委员会并召开第一届启动会议，且设立了包括公共部门环境金融选择、税收政策障碍、小社区金融策略和促进私人部门提供环境服务在内的四个主题工作组。自 20 世纪 90 年代末起，EFAB 以赠款项目在全国支持建设环境金融中心（Environmental Financial Center，EFC）。在 2015 年竞标中，EFAB 出资 200 万美元，资助包括南缅因州大学、马里兰大学在内的 8 所大学和 1 个乡村社区援助公司建立环境金融中心，并为每个中心划分了服务的地理范围。环境金融中心的目标不仅仅是为所服务的地区争取环境补助或贷款，更重要的是帮助区域评估环境项目规划，实施可持续的环境投融资机制，策划税收方案，扩展新的资本来源，并在该过程中逐步拓展合作伙伴和社区参与水平。由于环境问题的跨区域特性，EFC 还常常需要为处理跨区域问题构建跨区域或囊括私人和公共部门等众多参与主体的对话机制。这些机构大部分都以大学为实体，主要是因为中标的大学研究机构中包括了环境、金融、法律、技术等多方面的专家，并长期从事环境投融资的研究，且能够以较为独立的方式与所在社区、企业、NGO 和居民形成很好的互动关系，便于深入追踪服务区域面临的问题，以更好地为持续性的环境融资提供更具针对性的创新服务。

6.4.3.4　综合利用并创新金融工具，降低自愿项目成本，促进需求侧环境自愿项目发展

设法降低参与成本是需求侧环境自愿协议的开展、大范围提升环境绩

效的关键。根据项目需求和特点，综合利用并创新金融工具降低项目成本，为更多的人带来更大的环境效益是需求侧环境自愿协议发展的核心目标。以下是需求侧环境自愿协议融资所需遵循的关键准则。

- 根据使用寿命来融资。依据新设备的使用寿命来融资。未来能从设备中享受到好处的人们应该承担他们应该担负的那部分费用。

- 最长期限。当寻找融资方案时，应选择期限最长的方案，这样可以显著降低年还款额。

- 最低利率。一般情况下，长期利率要高于短期利率。但是使用较长期限的债券极大地减少了午还款额，带来的影响远远大于利率随着期限的缓慢增长，因此，要留意是利率风险而非期限。要通过降低损失风险来降低利率。

- 担保。担保可能是对于达到最终目标——以尽量低的成本为最多的人提供最大的环境效益而言，最重要的因素。将财政资金尽量用于设计增信机制。

- 补助资金在前期一次性支付。当项目的可偿还能力出现问题时，利用一次性前端补贴将项目成本降低到可偿还的水平。

- 善用补贴。只有在真正需要的情况下，或者引导个人或引导个人或企业采取高出法律要求之上的环境治理行动的情况下才你能使用补贴。尽量尝试取消无差别的、为富裕人口和非必须人群统一提供的补贴。

- 项目设计遵循成本收益原则。环境金融的游戏规则就是以尽可能低的成本为最多的人创造最大的环境效益。在所有项目中都使用成本收益分析，以识别哪些才是真正符合这一规则的项目。

附　　录

附录 A　命题证明

a1. 3. 2. 3. 1　引理 4 的证明

首先，我们对 F 进行区分，有：

$$F'(B) = -C'(B)/((2\sigma)(C(L^*) + x(L^*)))[W(B)$$
$$- \varepsilon W(L^*)] + p(B)W'(B) \tag{A.1}$$

接下来，我们依次考虑不同的属性。

1）我们有 $F'(0) = \dfrac{1}{\sigma}[C'(0)/C(L^*) + x(L^*)]\varepsilon W(L^*) + \left(\dfrac{\bar{\delta} + \sigma}{2\sigma}\right)$

$(1 - C'(0))$。由于：$W'(0) = 1 - C'(0)$，则 $F'(0) = \dfrac{1}{\sigma}[C'(0)/C(L^*) + x$

$(L^*)]\varepsilon W(L^*) + \left(\dfrac{\bar{\delta} + \sigma}{2\sigma}\right)W'(0)$；由于 $\dfrac{1}{\sigma}[C'(0)/C(L^*) + x(L^*)]\varepsilon W(L^*) >$

0，且 $\dfrac{\bar{\delta} + \sigma}{2\sigma} \geqslant 1(\bar{\delta} \geqslant \sigma$ 的假设），$F'(0)$ 高于 $W'(0)$。

2）给定式（3.21），很明显 $F(0) = 0$.

3）如果：$W(B^{\max}) < \varepsilon W(L^*)$，则对于任何 $B \in [B^{\min}, B^{\max}]$，有 W $(B) - \varepsilon W(L^*) < 0$。因此，在相同区间内，式 a1.1 第一项为正；由于当 $B < B^*$ 时，$W' > 0$，则第二项也为正。因此，$F' > 0$。

4）如果 $W(B^{\max}) \geqslant \varepsilon W(L^*)$，则对于任何 $B \in [B^{\min}, B^{\max}]$，$F$ 为凹函数，因为：

$$F''(B) = -\frac{1}{2\sigma}[C''(B)/(C(L^*) + x(L^*))][W(B) - \varepsilon W(L^*)]$$

$$-\frac{1}{\sigma}\left[\,C'(B)/(C(L^{*})+x(L^{*}))\,\right]W'(B)-p(B)C''(B)$$

明显为负（$C'(B)$，$C''(B)$ 以及 $W'(B)$ 均大于 0）。此外，

$$F'(B^{\max})=-C'(B^{\max})/((2\sigma)(C(L^{*})+x(L^{*})))\left[\,W(B^{\max})-\varepsilon W(L^{*})\,\right]<0$$

表明若 $F'(B^{\min})>0$，则对于任何 $B\in\left[\,B^{\min}\,,\,B^{\max}\,\right]$，都存在使函数有唯一内部最大化解的一阶条件 $F'(\hat{B})$。而：

5）若 $F'(B^{\min})\geqslant 0$，则 $F'(B\leqslant 0)$。

a2.3.2.3.2　命题 2 的证明

情况 1：$W(B^{\max})\geqslant\varepsilon W(L^{*})$

在这种情况下，命题 1 表明如果 a）$F'(B^{\min})\leqslant 0$ 且 $B^{\min}>L^{*}$ 或者 b）$F'(B^{\min})>0$ 且 $F(\hat{B})>W(L^{*})$，则存在福利改善的自愿协议。此外，假设管制者拥有全部的谈判力量，且 $F'(B^{\min})\leqslant 0$，当 $F'(B^{\min})>0$ 时 $B^{VA}=\hat{B}$，则自愿协议的均衡为 $B^{VA}=B^{\min}$。下面分 $L^{*}<B^{\min}$ 和 $L^{*}\geqslant B^{\min}$ 来讨论参数 λ，ε，$\bar{\delta}$ 的影响。

情况 a. $L^{*}<B^{\min}$

在这种情况下，命题 1 已经表明，当 $F'(B^{\min})\leqslant 0$ 时，自愿协议较立法占优势。下面将证明对于 $F'(B^{\min})>0$，结果相同。为了简化表述，令 $\hat{L}$ 表示 $W(\hat{L})=F(\hat{B})$ 且 $\hat{L}<\hat{B}$ 时的 L 值。使用这一符号，$F(\hat{B})>W(L^{*})$ 等价于 $L^{*}<\hat{L}$。图 3-5 表示 $B^{\min}<\hat{B}$。因此，$L^{*}<B^{\min}$ 必然意味着 $L^{*}<\hat{L}$，注意 $L^{*}<B^{\min}$ 等价于 $\lambda<\bar{\delta}-\sigma$。

情况 b. $L^{*}\geqslant B^{\min}$

在这种情况下，唯一可行的协议为 $F'(B^{\min})>0$ 且 $F(\hat{B})>W(L^{*})$ 时 $B^{VA}=\hat{B}$。令 $g(\lambda\,,\,\varepsilon\,,\,\bar{\delta})$ 为使得 $g(\lambda\,,\,\varepsilon\,,\,\bar{\delta})=F(\hat{B})-W(L^{*})$ 的函数。下面研究 g 的性质来确定 λ，ε，$\bar{\delta}$ 如何来影响它的符号。

$$g(\lambda\,,\,\varepsilon\,,\,\bar{\delta})=p(\hat{B})\left[\,W(\hat{B})-\varepsilon W(L^{*})\,\right]-(1-\varepsilon)W(L^{*})\qquad(\mathrm{A.2})$$

分别以 ε 和 $\bar{\delta}$ 对上式求偏导到，令 $F'(\hat{B})=0$，整理得：

$$\frac{\partial g}{\partial \varepsilon} = [1 - p(\hat{B})] W(L^*)$$

$$\frac{\partial g}{\partial \delta} = \frac{1}{2\sigma} [W(\hat{B}) - \varepsilon W(L^*)]$$

上述两个推导均为正，因为这 ε 和/或 $\bar{\delta}$ 上升时，促进了福利改善的自愿协议的存在。

下面考虑 λ，注意 $L^* \geqslant B^{\min}$ 等价于 $\lambda \in [\bar{\delta} - \sigma, 1]$，在 $L^* = B^{\min}$ 或者 $\lambda = \bar{\delta} - \sigma$，$g > 0$（由于 $\hat{B} > B^{\min}$）时尤是。相反，如果 $\lambda = 1$ 或者 $L^* = B^*$，有 $g(1, \varepsilon, \bar{\delta}) = F(\hat{B}) - W(L^*) < 0$。当 L^* 处于两值之间时，模拟结果表明当 λ 很小时，g 为正值，进而（当 λ 较大时）超过一定阈值。

情况 2：$W(B^{\max}) < \varepsilon W(L^*)$

在这种情况下，法定额度的帕累托结果要较自愿协议占优。如果 λ，ε，$\bar{\delta}$ 使得 $W(B^{\max}) < \varepsilon W(L^*)$，则 $L^* > \max\{B^{\min}, \hat{L}\}$。换言之，$W(B^{\max}) < \varepsilon W(L^*)$ 是不具有约束力的，且情况 1 所确定的 λ，ε 和 $\bar{\delta}$ 的性质足以确定福利改善协议的范围。

由于 $\varepsilon < 1$，可以由 $W(B^{\max}) < \varepsilon W(L^*)$ 得到 $B^{\max} < L^*$，直接表明 $L^* > B^{\min}$。图 3 - 5 也表明 $W(B^{\max}) > F(\hat{B})$。这意味着 $L^* > \hat{L}$ 或者 $W(L^*) > F(\hat{B})$（由于 $W(B^{\max}) < \varepsilon W(L^*) < W(L^*)$）。

总结：情况 1a 说明如果 λ 和 $\bar{\delta}$ 使得 $\lambda < \bar{\delta} - \sigma$，则存在福利改善的自愿协议；如果 $\lambda \geqslant \bar{\delta} + \sigma$，情况 1b 说明若 λ 不过高和/或 $\bar{\delta}$ 与 ε 足够高时存在自愿协议。最后，情况 2 的条件是不具有约束力的。这些分析最终收敛于结论：当 λ 较低和/或 $\bar{\delta}$、ε 较高时存在自愿协议。

a3. 3. 2. 4. 2　命题 5 的证明

我们首先来确定 $B^{\min}$ 的最高减排水平，当低于 $B^{\min}$ 时，污染者会遵守自愿协议。$B^{\min}$ 可以被定义为：

$$p(B^{\min}) = \frac{1}{2\sigma} \left(\bar{\delta} + \sigma - \frac{C(B^{\min})}{C(L^*) + x^P(L^*)/(1 - \rho)} \right) = 1$$

在等式中 $x^P(L^*)/(1 - \rho) = C(L^{-P}) - C(L^*)$，整理得：

$$C(B^{\min}) = (\delta - \sigma)C(L^{-P}) \qquad (A.3)$$

L^{-P} 为单一游说博弈中的均衡。在该博弈中，资助额度 $x_G(L)$ 由式 3.31 得到，环保团体最大化 $L - x_G(L)$。推导一阶条件，可以得到 $L^{-P} = (1 - \gamma(1 - \lambda))/\lambda\theta$。将该式代入式（A.3），解得 $B^{\min}$ 如下：

$$B^{\min} = \frac{1}{\theta}\sqrt{\bar{\delta} - \sigma}\Big(1 + \frac{1 - \lambda}{\lambda}(1 - \gamma)\Big) \qquad (A.4)$$

命题的第二部分简单明了。条件 $\lambda \leqslant (1 - \lambda\sqrt{\bar{\delta} - \sigma}/(1 - \gamma\sqrt{\bar{\delta} - \sigma})$ 等价于 $B^{\min} \geqslant B^*$。在这种情况下，显然有 $p(B^*) = 1$。因此，管制者不冒任何不遵约风险地选择 $B^{VA} = B^*$。

如果 $\lambda > (1 - \lambda\sqrt{\bar{\delta} - \sigma}/(1 - \gamma\sqrt{\bar{\delta} - \sigma})$，则完全遵约的自愿协议的均衡为 $B^{VA} = B^{\min}$。下面将对当 $W(B^{\min}) > W(L^*)$ 时的情况进行研究。为方面起见，我们将分别对游说博弈中污染者更加有效（$\rho < \gamma$）及与之相反情况（$\rho > \gamma$）进行分析。

情况 1：$\rho < \gamma$

由式（3.24），$\rho < \gamma$ 意味着 $L^* < B^*$。由于 W 小于 B^* 且严格递增，$W(B^{\min}) > W(L^*)$ 等价于 $B^{\min} > L^*$。由式（3.24）式（A.4），写作 $\lambda < (1 - \rho)\sqrt{\bar{\delta} - \sigma}/(1 - \rho\sqrt{\bar{\delta} - \sigma})$。而这一条件对于 $\rho < \gamma$，且 $\lambda > (1 - \lambda\sqrt{\bar{\delta} - \sigma}/(1 - \gamma\sqrt{\bar{\delta} - \sigma})$ 亦成立。

此外，$(1 - \rho)\sqrt{\bar{\delta} - \sigma}/(1 - \rho\sqrt{\bar{\delta} - \sigma})$，随着 $\sqrt{\bar{\delta} - \sigma}$ 和 ρ 增加而递增。

情况 2：$\rho \geqslant \gamma$

与情况 1 相反，W 不再在 $B^{\min}$ 和 L^* 之间单调，意味着条件 $W(B^{\min}) > W(L^*)$ 不能化简为 $B^{\min} > L^*$。由于 W 是单峰的，$W(B^{\min}) > W(L^*)$ 现等价于 $B^{\min} > L'$，L' 由 $W(L') = W(L^*)$ 定义且 $L' < B^*$。

令 $W(L') = W(B^{\min})$，整理得二次多项式：

$$L' - \frac{1}{2}\theta(L')^2 - L^* + \frac{1}{2}\theta(L^*)^2$$

解得两根为 $(2/\theta) - L^*$ 和 L^*。由 $L' < B^*$ 可以明显地推出 $L' = (2/\theta) - L^*$。

因此，$B^{min} > L'$ 等价于 $B^{min} > (2/\theta) - L^*$。将不等式替换式（3.24）和式（A.4），整理得：

$$-\lambda^2(\rho - \gamma + \rho(1 - d\gamma)) + \lambda(\rho - \gamma + \rho(1 - d\gamma) + d\rho - 2d\gamma\rho - 1)$$
$$+ d(1 - \gamma)(1 - \rho) > 0$$

其中 $d \equiv \sqrt{\bar{\delta} - \sigma}$。为了简化表示，不等式可以重新写作：

$$-a\lambda^2 - \lambda(b - a) + c > 0 \qquad (A.5)$$

其中，$a \equiv \rho - \gamma + \rho(1 - d\gamma)$，$b \equiv 1 - d(\gamma(1 - \rho) + \rho)$ 且 $c \equiv d(1 - \gamma)(1 - \rho)$，$a$，$b$，$c \geq 0$。因为 $\rho > \gamma$ 且 ρ，γ，$d \leq 1$，所以 a，$c \geq 0$；由于 $\gamma(1 - \rho) + \rho$ 为正，则 b 随着 d 上升而递减。令 $d = 1$ 可得 $1 - \rho(1 - \gamma)$ 为正，所以对于任何参数值 b 始终为正。

解等式（A.5），

$$\Delta = (b - a)^2 + 4ac$$

很明显上式为正，因此有两根：

$$\lambda_1 = \frac{\sqrt{(b - a)^2 + 4ac} - (b - a)}{2a}$$

$$\lambda_2 = \frac{-\sqrt{(b - a)^2 + 4ac} - (b - a)}{2a}$$

由于 $\lambda_2 < 0$，λ_2 不是可行解。$\lambda_1 > 0$，但是需要检验其是否小于等于 1。由 $b = 1 - d(\gamma(1 - \rho) + \rho)$，$c = d(1 - \gamma)(1 - \rho)$，$d = \sqrt{\bar{\delta} - \sigma}$，可整理得 $1 - \sqrt{\bar{\delta} - \sigma} \geq 0$。

当 $\lambda = 0$ 时，式（A.5）的左端，意味着当 $\lambda < \lambda_1$ 时，$W(B^{min}) > W(L^*)$。最后，数值模拟表明 $\lambda < \lambda_1$ 与 $\lambda \geq (1 - \lambda)\sqrt{\bar{\delta} - \sigma}/(1 - \gamma\sqrt{\bar{\delta} - \sigma})$ 相兼容。

附录 B　独立和控制变量选取

在第 3 章 3.4 节，我们建立起两阶段回归模型。以美国的气候挑战方案为例，在第一和第二阶段可选取的独立和控制变量如下所示：

b1. 第一阶段

在第一阶段，我们检验气候挑战方案中企业的参与动机，并为了避免反向因果关系而采用滞后期为一年的自变量。此外，我们使用两项指标来代表政治压力。第一个代表企业的管制成本；第二个代表联邦层面（如自然保护选民联合会）、州以及地方层面（如州环境保护员工以及山峦协会）的环境偏好。

管制成本：主要包括企业所支付的代表来自监管机构压力的管制成本。

自然保护选民联合会：通过每个州国会代表（参议员和众议院议员）的投票记录来衡量来自政治和立法主体的压力。许多研究者运用自然保护选民联合会的打分作为州代表的偏好。

州环境保护员工：我们通过州环境机构雇员数对州雇员总数的比重来衡量其长期环境保护承诺，主要反映州对于环境保护的承诺以及机构对环保的支持能力。

行业协会成员：主要用于衡量行业协会以及企业之间的关系，根据该企业是否为行业协会成员建立起取值分别为 1 或 0 的指标。

山峦协会（环境保护的非政府组织）：即通过某一主要的环境保护非政府组织来衡量企业所在州的人们的环境保护偏好。本书利用每 1000 居民中该政府组织的缴费会员数量来衡量大众的环境偏好。

环保努力：即企业用于环保目的的支出，可以用环境成本与总运营成本之比来衡量。

在第一阶段，我们还需要控制可能会影响企业成为早期或后期参与者的可能性的额外变量。具体包括州污染水平、是否为行业协会会员、企业的生产效率、企业在州层面是否举足轻重以及依补贴数额判断的企业规模。

州污染水平：州的污染程度是影响企业决定是否参与该项目时的决定因素。污染程度越高的州，可能面临更高的审查标准以及来自国家层面环保 NGO 的压力，因而也不得不采取一些举措来降低二氧化碳排放。以电力部门为例，我们以州所有部门总的有毒物质排放量为基础，并以每个州每年各电力企业所产生电能的百分比作为权重建立起企业层面的指标。

生产效率：以电力部门为例，作为高度资本密集型行业，有效率的生产能力对企业的盈利能力以及闲散资源的获取能力有重要影响。因此，生产效率以控制闲散资源的方法之一。在估计生产效率时，本书采用数据包络分析法（Data Envelopment Analysis，DEA）。DEA 技术利用线性规划将多个投入和产出指标转化为每一观测值的相对效率的单一指标。本书将使用投入导向型的生产效率指标，即在不改变产出数量情况下降低投入。以电力部门为例，采用的投入指标包括：劳动力成本，工厂价值，生产费用，运输费用，摊销费用，销售、管理和一般费用以及从其他渠道的电力购买费用；采用的产出指标包括：低压电销售、高压电销售以及转售给其他单位的电能。一个企业向最终消费者的供电成本受消费者类型的影响，如由于运营和维护成本的不同，销售的高压电的运输成本要低于低压电。此外，批发销售多发生在成本较低、非高峰时段，且每次运输量更大，因而其较低压电和高压电销售成本要低。根据成本的不同，本书将产出分为这三种。

影响力大的参与者：可见度是影响企业所面临的社会压力的重要因素。制度环境下的选民更可能对他们认识的组织感兴趣。例如，一家拥有较大市场份额的占主导地位的企业更可能被引起环保人士和团体的关注，也更可能参与到集体行动中去。为了代表可见度，本书对一家企业位列州内任何住宅、商业和工业市场的销售商前四位的次数进行计算，用 1 代表企业是影响力较大的参与者，否则记为 0。

分支机构的数量：企业规模被视为参与政治活动的主要因素之一。规模常代表企业内部资源的可获得性，但同时也反映企业影响集体行动结果的能力。当与环境达标有关的固定成本足够大并产生规模效应时，企业的遵规成本将会相对降低，对违规情况亦如是。此外，企业规模越大可能参与资本市场的途径更多，并更可能参与到研发中来。为表示企业规模，本书用企业分支机构的数量来表示。

年份影响：在第一阶段引入年份的虚拟变量。

b2. 第二阶段

在第二阶段，除了参与气候挑战项目的预估概率，还包括了能够解释二氧化碳排放率变化的变量。

化石燃料使用变化率：企业所采用的发电技术可以解释排放率的变化。而用化石燃料特别是煤炭发电的二氧化碳排放量要远高于可再生能源。为了解释这一区别，文章采用化石燃料二氧化碳排放量的百分比的变化来衡量。

工厂数量的变化：排放率的变化可能是因为企业扩大规模，如改变其所运营的工厂的数量。这一变化由 t 时刻企业所拥有的工厂数量减去 t−1 时刻工厂数量获得。

机组的安装年份：机组的安装年份会对二氧化碳排放量产生影响。这与清洁技术和能力有关。本书计算该企业所有机组的安装年份的平均值来衡量。

与天然气或电力企业的合并过程：研究还需要控制参与气候挑战项目过程中可能出现的兼并活动的影响。如果企业或者其控股企业经历兼并过程，则用指标 1 应用于合并完成当年之前的所有年份。

信息披露：每个州对企业要求的环境信息披露程度会影响他们相应的减排量。在本书研究中，如果企业所在州要求其进行全部或部分的环境信息披露，则信息披露变量为 1，否则为 0。对于跨州的企业，这一变量则以其在各州生产百分比有权重进行计算，在气候挑战项目建立之前的时期不对信息披露做要求。

可再生能源配额制：这一变量反映处于实行可再生能源配额制（renewable portfolio standard，RPS）的州的企业所受到的影响。这些标准强制企业运用可再生资源生产一定比例的特定能源。如果该州存在 RPS 则取值为 1，否则取值为 0。对于跨州的企业，这一变量则以其在各州生产百分比有权重进行计算，在气候挑战项目建立之前的时期不存在 RPS。

年份影响：在第二阶段引入年份的虚拟变量。

附录 C　术语表

英文	中文
A	
American Chemistry Council，ACC	美国化学理事会
Annual Performance Reports，APRs	年度绩效报告
Asset‐Backed Alert	资产支持简报
Association of Monterey Bay Area Governments，AMBAG	蒙特雷湾地区政府联合会
Autoridades Ambientales Urbanas，AAUs	城市环境主管部门
availability of information	信息可获得性
awareness	意识
B	
Benchmarking Covenant	基准协议
Building Energy Quotient Program	建筑能源评估计划
Burn Wise	智慧燃烧项目
C	
clarity of information	信息清晰度
Clean Air Act，CAA	清洁空气法
Clean Development Mechanism，CDM	清洁发展机制
Clean Diesel Campaign	清洁柴油运动
Clean Water Act，CWA	清洁水法
Coalbed Methane Outreach Program，CMOP	煤层气推广计划
Combined Heat and Power Partnership	热电联产伙伴计划
Commercial Building Energy Alliance，CBEA	商业建筑能源联盟
Common Sense Initiative	常识倡议
common SFR	共同储备基金
Community‐Based Childhood Asthma Programs	社区儿童哮喘计划
Corporaciones Autónomas Regionales，CARs	地区自治委员会
cost reduction from lower energy use	降低能源使用以节约成本

续表

英文	中文
D	
Decentralized Wastewater Treatment Systems Program（Septic Systems）	分散式污水处理计划（净化系统）
Department of Energy，DoE	美国能源部
Design for the Environment，DfE	环境设计
E	
efficiency due to legal restrictions（regulations and standards）	法律监管（规则和标准）带来的效率
Energy-efficiency index	企业能效系数
Energy Efficient Commercial Building Tax Deduction，EE-CBTD	商业建筑能效税收减免
Energy Investment Allowance，EIA	能源投资抵减计划
Energy Star Program，ESP	能源之星计划
Environment Action Programme，EAP	（欧盟）环境行动计划
Environmental Financial Advisory Board，EFAB	环境金融咨询委员会
Environmental Financial Center，EFC	环境金融中心
Environmental Management System，EMS	环境管理系统
Environmental Protection Agency，EPA	美国环境保护署
Environmental Technology Verification Program	环保技术核证计划
external cooperation	外部合作
external energy audits/sub metering	外部能源审计/分项计量
F	
Federal Electronics Challenge，FEC	联邦电子挑战计划
Federal Housing Finance Administration，FHFA	联邦住房金融管理局
G	
GreenChill	绿色冷藏项目
green image	绿色形象
Green Light	绿色灯光（计划）
Green Power Partnership	绿色能源伙伴计划
Green Racing Initiative	绿色赛车倡议
greenwash	漂绿行为
H	
High GWP Partnership Programs	高温室效应气体伙伴计划
I	
increasing energy tariffs	能源关税提高
influence input	影响投入
information about real costs	真实成本信息

续表

英文	中文
J	
Joint Implementation，JI	联合履约机制
K	
knowledge of non-energy benefits	对非能源效益的了解
L	
Labs 21	实验室21
Leadership in Energy and Environmental Design，LEED	能源与环境设计领先计划
Long-term energy strategy	长期能源战略
M	
management support	管理支持
management with real ambition and commitment	具有真正追求和承诺的管理
Ministerio del Ambiente，Vivienda y Desarrollo Territorial，MAVDT	环境、住房和国土开发部
Ministerio del Medio Ambiente，MMA	国家环境部
Mobile Air Conditioning Climate Protection Partnership	移动式空调气候保护伙伴关系
Municipal revenue bond	市政收益债券
N	
National Environmental Performance Track，NEPT	国家环境绩效追踪计划
Natural Gas STAR Program	天然气之星计划
O	
On Tax – Bill Financing	基于税单的融资
organizational legitimacy	组织正当性
Overcollateralization	债券超额抵押
P	
Palm Desert Energy Independence Program，PDEIP	帕姆迪泽特城的能源独立计划
participation	参与
Pesticide Environmental Stewardship Program	农药环境管理项目
private financing	私人借贷
programs of education and training	教育和培训项目
Project XL	XL项目
Property Assessed Clean Energy，PACE	房屋评估清洁能源计划
prototyping costs	原型样品开发成本
public investments subsidies	公共投资补贴
R	
Radon Risk Reduction	降低氡风险项目
Regulating Energy Tax，REB	调节能源税
Resource Conservation and Recovery Act，RCRA	生态保护和恢复法案
Responsible Care Program	责任关怀计划

续表

英文	中文
S	
Self – Funded Reserves，SFRs	自筹资金储备
Semi-encompassing	准整体层次
Sinstema Nacional Ambiental，SINA	国家环境系统
SmartWay Transport Partnership	智能公路运输伙伴计划
soft	（消费者在影响博弈中表现）温和
Sonoma County Energy Independence Program，SCEIP	索诺玛能源独立计划
staff with real ambition	具有真正追求的员工
Sustainable Materials Management，SMM	可持续材料管理
T	
technical support	技术支持
technological appeal	科技吸引力
The AgSTAR Program	农业之星计划
The Green Suppliers Network，GSN/Economy，Energy and the Environment，E3	绿色供应商网络/经济、能源和环境
tough	（公司在影响博弈中表现）强硬
trustworthiness of information	信息可信度
type of participant	参与者类型
V	
Voluntary Aluminum Industrial Partnership	铝业自愿伙伴关系
Voluntary Environmental Agreement，VEA	环境自愿协议
Voluntary Environmental Improvement Bonds，VEIBs	自愿改善环境债券
Voluntary High Global Warming Potential Programs	高全球变暖自愿潜能计划
voluntary long-term agreements，LTAs	长期自愿协议
W	
walking away	放弃
WaterSense	水意识
Watts per owner-occupied household，W/OOH	每户瓦特数
willingness to compete	竞争意愿
Y	
Yucaipa Energy Independence Program，YEIP	尤凯帕能源独立计划
#	
2010/15 PFOA Stewardship Program	2010/15 全氟辛酸管理计划

参 考 文 献

［1］［美］奥斯特罗姆：《规则、博弈与公共池塘资源》，王巧玲、任睿译，陕西人民出版社 2011 年版。

［2］［美］奥斯特罗姆：《公共事物的治理之道》余逊达、陈旭东译，上海译文出版社 2012 年版。

［3］曹景山：《自愿协议式环境管理模式研究》，大连理工大学博士学位论文，2007 年。

［4］陈吕军、张文心、赵华林等：《美国的国家环境表现跟踪计划》，载《环境保护》2002 年第 12 期。

［5］丁航、贾小黎：《中国高耗能企业自愿减排的现状、障碍及实施建议》，载《中国能源》2004 年第 26 卷第 3 期。

［6］董战峰、王金南、葛察忠等：《环境自愿协议机制建设中的激励政策创新中国人口》，载《资源与环境》2010 第 20 卷第 6 期。

［7］杜文伟、蒋芸：《节能自愿协议及其国际成功经验》，载《电力需求侧管理》2004 年第 6 卷第 4 期。

［8］冯效毅、卢宁川、董宁平等《在中国尝试自愿协议式环境管理方法的必要性与可行性》，载《江苏环境科技》2006 年第 19 卷第 2 期。

［9］葛察忠、段显明、董战峰等：《自愿协议：节能减排的制度创新》，中国环境科学出版社 2012 年版。

［10］黄导、张岩：《冶金工业节能自愿协议考察报告（摘录）》，载《中国冶金》2004 年第 7 期。

［11］蒋芸：《节能自愿协议：节能新机制》，载 *China Venture Capital*

2006 年第 9 期。

[12] 蒋芸、杜文伟：《节能自愿协议在国外的应用》，载《国际石油经济》2005 年第 13 卷第 2 期。

[13] 雷兆武、杨高英、刘茉等：《电子废弃物循环利用与自愿协议式管理》，载《环境科学与管理》2006 年第 31 卷第 8 期。

[14] 黎勇、彭立颖：《美国国家环境表现跟踪计划》，载《世界环境》2002 年第 6 期。

[15] 李红祥：《促进节能减排的自愿协议制度研究》，北京化工大学硕士学位论文，2008 年。

[16] 李鸧：《通过契约实现行政任务：美国环境自愿协议制度研究》，载《行政法学研究》2014 年。

[17] 刘斌、周勇：《产业自愿节能减排中的信息披露制度研究》，载《江西社会科学》2009 年第 7 期。

[18] 刘文婧：《混合扫描决策模型：理论与方法》，载《理论界》2014 年第 1 期。

[19] 刘志平、蒋芸：《引入自愿协议模式探讨》，载《中国能源》2004 年第 26 卷第 2 期。

[20] 龙凤、葛察忠、高树婷：《用自愿协议制度促进工业环境管理》，载《环境保护》2010 年第 20 期。

[21] 卢宁川、冯效毅、董宁平等：《企业采用自愿协议式环境管理方法的意愿调查》，载《污染防治技术》2006 年第 4 期。

[22] 马品懿、王政、朴光洙等：《环境管理自愿协议的法律思考》，载《环境保护》2006 年第 4 期。

[23] 秦颖：《新的环境管理政策工具》，经济科学出版社 2011 年版。

[24] 秦颖、庞文云：《自愿环境协议（VEAs）纯威胁博弈模型的构建与分析》，载《经济科学》2007 年第 6 期。

[25] 王琪、张德贤：《志愿协议：一种新型的环境管理模式探析》，载《中国人口：资源与环境》2001 年第 2 季。

[26] 肖静：《节能自愿协议法律问题研究》，清华大学硕士学位论

文,2007 年。

［27］张圻堞:《七部委联推能效领跑者计划》,中国建设报网,2015年1月15日。

［28］张雪妍:《环境行政自愿协议研究》,山东大学硕士学位论文,2009 年。

［29］程晖:《自愿协议:节能减排新机制》,载《中国经济导报》2013 年7 月27 日。

［30］周宏春,刘才丰,王学军《采取自愿协议形式推进节能环保工作》,载《调查研究报告》2003 年第177 期。

［31］Amitai Etzioni, Mixed – Scanning: A 'Third' Approach to Decision – Making. *Public Administration Review*, 1967, 27 (5): 385 – 392.

［32］Ahmed R&Segerson K. , Collective voluntary agreements to eliminate polluting products. *Resource & Energy Economics*, 2011, 33 (3): 572 – 588.

［33］Arora S&Cason T N. , An Experiment in Voluntary Environmental Regulation: Participation in EPA's 33/50 Program. *Journal of Environmental Economics & Management*, 1995, 28 (3): 271 – 286.

［34］Baggott R. , By voluntary agreement: the politics of instrument selection. *Public Administration*, 1986, 64 (1): 51 – 67.

［35］Blackman A&Uribe E&Hoof B V, et al. , Voluntary environmental agreements in developing countries: the Colombian experience. *Policy Sciences*, 2013, 46 (4): 335 – 385.

［36］Buttoud G. &Yunusova I. , A 'mixed model' for the formulation of a multipurpose mountain forest policy: Theory vs. practice on the example of Kyrgyzstan. *Forest Policy & Economics*, 2002, 4 (2): 149 – 160.

［37］Coglianese C. &Nash J. , Regulating from the Inside: Can Environmental Management Systems Achieve Policy Goals? . *Resources for the Future Press*, 2001.

［38］Coglianese C&Nash J. , Performance Track's Postmortem: Lessons from the Rise and fall of EPA's "Flagship" Voluntary Program. *Harvard Environ-*

mental Law Review Helr, 2014: 38.

[39] Croci E. , *The handbook of environmental voluntary agreements*: *design*, *implementation and evaluation issues*: Springer, 2005.

[40] Curley M. , Finance policy for renewable energy and a sustainable environment. *Crc Press*, 2014.

[41] DeLeon P. , *Voluntary environmental programs*: *A policy perspective*: Rowman & Littlefield, 2010.

[42] Delmas M A. , Barriers and Incentives to the Adoption of ISO 14001 by Firms in the United States. *Duke Environmental Law & Policy Forum*, 2000, 11 (1).

[43] Delmas M A&Montes M J&Montes – Sancho M J, Voluntary Agreements to Improve Environmental Quality: Are late joiners the free riders? . *Institute for Social Behavioral & Economic Research*, 2007.

[44] Glachant M. , Non-binding voluntary agreements. *Journal of Environmental Economics & Management*, 2007, 54 (1): 32 – 48.

[45] Glasbergen P. , Learning to manage energy by voluntary agreement: The Dutch long-term agreements on energy efficiency improvement. *Greener Management International*, 1998.

[46] Goodin R E&Goodin R E, the Principle of voluntary agreement. *Public Administration*, 1986, 64 (64): 435 – 444.

[47] Hasanbeigi A. &Menke C. &Pont P D. , Barriers to energy efficiency improvement and decision-making behavior in Thai industry. *Energy Efficiency*, 2010, 3 (1): 33 – 52.

[48] JunJie Wu&Bruce A. Babcock, Relative Efficiency of Voluntary Versus Mandatory Environmental Regulations (The). *Journal of Environmental Economics and Management*, 1999, 38 (2): 158 – 175.

[49] Lacey S. , Are Housing Regulators Quietly Dropping Their Opposition to PACE? . *http: //www. greentechmedia. com/articles/read/federal-housing-regulator-drops-opposition-to-pace*, 2014 – 11 – 10.

［50］Lyon T P& Maxwell J W. , Mandatory and Voluntary Approaches to Mitigating Climate Change. *Working Papers*, 2004.

［51］Lyon T P&Maxwell J W. , Greenwash: Corporate environmental disclosure under threat of audit. *Journal of Economics & Management Strategy*, 2011, 20 (1): 3 -41.

［52］Lyon T P. The pros and cons of voluntary approaches to environmental regulation//Written for Reflections on Responsible Regulation Conference Tulane University March. , 2013: 1 -2.

［53］Maxwell J W&Lyon T P&Hackett S C. , Self - Regulation and Social Welfare: The Political Economy of Corporate Environmentalism. *The Journal of Law and Economics*, 2000, 43 (2): 583 -618.

［54］Maxwell J W&Lyon T P. , An Institutional Analysis of US Voluntary Environmental Agreements. 2000.

［55］M D. , Regulating a Polluting Oligopoly: Emission Tax or Voluntary Agreement? . *Review of Development Economics*, 2005, 9 (4): 514 -529.

［56］Neumayer E. , German packaging waste management: a successful voluntary agreement with less successful environmental effects. *European Environment*, 2000, 10 (3): 152 -163.

［57］Peltzman S. , Toward a More General Theory of Regulation. *Journal of Law & Economics*, 1976, 19 (2): 211 -40.

［58］Price L. , Voluntary agreements for energy efficiency or ghg emissions reduction in industry: An assessment of programs around the world. *American Journal of Respiratory & Critical Care Medicine*, 2005, 188 (6): 724 -732.

［59］Segerson K, Miceli T J. , Voluntary Environmental Agreements: Good or Bad News for Environmental Protection? . *Journal of Environmental Economics & Management*, 1998, 36 (2): 109 -130.

［60］Segerson K. &Miceli T J. , *Voluntary Approaches to Environmental Protection: The Role of Legislative Threats// Voluntary Approaches in Environmen-*

tal Policy：Springer Netherlands，1999：105 – 120.

［61］Spallina G. &Marchesani F. ，Drivers for industrial energy efficiency：an innovative framework，2012.

［62］Steelman T A&Rivera J E，Voluntary Environmental Programs in the United States：Whose Interests Are Served? . *Organization & Environment*，2007，19（4）：505 – 526.